Das Pony-Handbuch

Widmung

Dieses Buch ist meiner Enkeltochter Claudia Bowen gewidmet.

David Taylor

David Taylor ist in Großbritannien ein bekannter Tierarzt, Radiomoderator und Autor von über dreißig Büchern, darunter einer sechsbändigen Autobiographie, auf der zum Teil die BBC-Fernsehserie „One by One" basiert.

Er verfasste „Collins Small Pet Handbook" und „Collins Family Pet Guides: Rabbit". Als Gründer der „International Zoo Veterinary Group" hat David Taylor exotische Patienten auf der ganzen Welt, von Krokodilen über Killerwale bis zu Riesenpandas. Er lebt mit seiner Frau und fünf Katzen im englischen Richmond (Surrey).

David Taylor

Das Pony-Handbuch

Übersetzung: Marlies Ferber

Bassermann

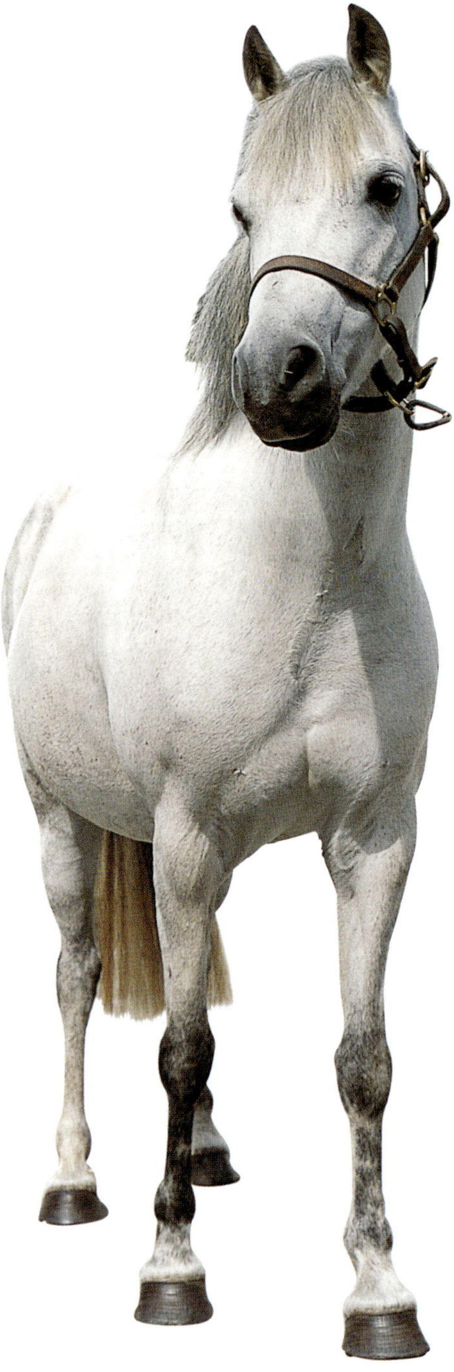

Der Text dieses Buches entspricht den Regeln der neuen deutschen Rechtschreibung.

ISBN 3 8094 1709 2

Originaltitel: pony handbook

Umschlaggestaltung: soldan advertising, München
Übersetzung: Marlies Ferber
Redaktion: Berliner Buchwerkstatt,
Ivana Jokl / Vera Olbricht
Layout: Berliner Buchwerkstatt, Britta Dieterle

Druck: Printing Express Ltd., Hong Kong

Printed in Hong Kong

817 2635 4453 6271

Inhalt

Einleitung

Die meisten Menschen, die sich rund um den Globus in den Sattel schwingen, haben ihre spezielle Beziehung zur Gattung Equus mit einem der kleinsten Repräsentanten der Pferdefamilie begonnen, dem Pony. Seien es Jockeys berühmter Rennställe oder Farmer, die auf ihren Pferden die Viehherden umrunden, oder berittene Polizisten: Sie alle und Millionen anderer Menschen lernten zumeist auf einem kleinen, oft koboldhaften, manchmal überaus willensstarken Pferd das Reiten.

In der westlichen Welt werden die Ponys und das Ponyreiten immer beliebter. In den Vorstädten und auf dem Land entstehen Ponyclubs. Der Urlaub auf dem Pferderücken, das Pony-Trekking, gewinnt mehr und mehr Liebhaber, und wenn ich (mit dem Auto, nicht mit einer Ponykutsche, wie ich leider zugeben muss) umherfahre, scheint es mir, dass die Zahl der fröhlichen Kinder zunimmt, die auf den schelmenhaften Doppelgängern der Ponykarikaturen von Norman Thelwell sitzen. Ponys mögen Transportmittel sein, aber sie sind viel mehr, vielschichtiger, wunderbarer. Sie sind mehr als Haustiere, mehr als ein Hobby oder ein Zeitvertreib, mehr als bloße Lasttiere. Ponys sind Philosophen und Gefährten, Vertraute und Freunde. Ponys sind zauberhaft.

Dieses Buch ist für Amateure, Kenner, Anfänger und für all die Glücklichen, die diesem großartigsten aller Haustiere verfallen sind.

GEWUSST?

Hier ist ein kleines Quiz. Probieren Sie es allein und mit Freunden. Ich wette eine Tüte Haferkekse, dass Sie nicht sagen können, wer die Besitzer dieser berühmten kleinen Klepper waren:

1 Dapple	5 Agnes	9 Fiddle-back
2 Incitatus	6 White Surrey	10 Grane
3 Bucephalus	7 Black Bess	11 Und wen trug das geflügelte Pferd Borak?
4 Copenhagen	8 Babieca	

ANTWORTEN

1 Dapple war Sancho Pansas Esel in „Don Quixote“.

2 Incitatus war das Pferd des römischen Kaisers Caligula, das von ihm zum Priester und Konsul ernannt wurde und Wein aus einem goldenen Eimer trank.

3 Bucephalus gehörte Alexander dem Großen, der einzigen Person, die ihn besteigen konnte.

4 Copenhagen war das Schlachtross des Herzogs von Wellington.

5 Agnes war das Lieblingspferd von Mary, Königin von Schottland.

6 White Surrey war der Favorit von König Richard III.

7 Black Bess trug Dick Turpin von London nach York.

8 Babieca war das Pferd von El Cid; es wurde vor den Toren des Klosters von Valencia begraben.

9 Fiddle-back war das unglückliche Pony von Oliver Goldsmith.

10 Grane war Siegfrieds wunderbar schnelles Pferd.

11 Borak trug Mohammeds Körper von der Erde zum Siebten Himmel und ist, nach muslimischem Glauben, eines der zehn Tiere, die Eingang ins Paradies fanden.

Gut, wahrscheinlich haben Sie eine oder zwei Antworten gewusst. Doch dies ist nur eine kleine Auswahl der bekannten geschichtlichen Persönlichkeiten, die für ihre Pferde-Gefährten sorgten und sie zu schätzen wussten. Wenn Sie die Verantwortung für ein Pony übernehmen, sei es auch noch so alt oder bescheiden, sollten Sie es nicht minder achten.

Erstes Kapitel

Entstehungs-geschichte und Rassen

Die Entwicklungsgeschichte der Ponys unterscheidet sich sehr von der anderer Pflanzenfresser. Ihre Körper lernten, das zellulosehaltige Pflanzenmaterial zu verdauen, das auf dem trockenen Land im Überfluss zur Verfügung stand. Und um sie vor gefährlichen, Fleisch fressenden Verfolgern zu schützen, brachte die natürliche biologische Auslese ihre charakteristische Schnelligkeit und Behändigkeit hervor, ihre schnellen Reaktionen und ihre hoch entwickelten Sinne. Erst viel später, als der Mensch auf der Bildfläche erschien und das Potenzial des Pferdes zur Domestizierung entdeckte, nahm künstliche Selektion und Zucht ihren Anfang, und Pferdetypen für spezialisierte Arbeitsformen im Dienst des Menschen entstanden.

Entstehungsgeschichte des Ponys

Vor rund 55 Millionen Jahren bewegte sich auf der damals noch verbundenen Landmasse, die sich später in Europa und Nordamerika teilte, ein kleines hundeähnliches Tier durch die Wälder, das niedrige Sträucher abfraß. Es handelte sich um das *Hyracotherium,* den Vorfahren des Pferdes sowie des Nashorns und des Tapirs. Von Ahnen abstammend, die fünf Zehen pro Fuß besaßen, hatte es bereits zwei äußere Zehen an den hinteren Füßen und einen inneren Zeh an den vorderen Füßen verloren. Die verbleibenden Zehen ähnelten denen von Hunden, sie waren gepolstert wie Pfoten; es gab noch kein Anzeichen für Hufe. Das Tier hatte ein kurzes Maul und einen langen Schwanz, gebogen wie der einer Katze.

Im Laufe der Jahrtausende teilten sich die Nachfahren des *Hyracotherium* in zahlreiche Familienzweige auf. Nashörner, Tapire und Pferde gingen jeweils ihre eigenen Wege. Die Pferde bildeten weitere Zehen zurück und entwickelten einen speziell geformten einzehigen Fuß. Sie wurden größer und wiesen Zähne auf, die sich ideal zum Abrupfen und Zerkleinern von Gras eigneten. Sie bekamen große, scharfsichtige Augen.

VERBREITUNG DER EQUIDEN VOR EINER MILLION JAHREN

Vor ca. einer Million Jahren hatten sich alle überlebenden Equiden, die Nachfahren des *Hyracotherium*, in vier Hauptgruppen aufgespaltet: die Pferde, die Esel, die Halbesel und die Zebras. Sie waren (wie auch im Schaubild unten zu sehen) in unterschiedlichen Gebieten Afrikas, Europas und des Mittleren Ostens verbreitet, mit kaum einer Überlappung der verschiedenen Gruppen. Die Zebras waren nur in Südafrika zu finden, die Halbesel (Vorfahren des Onager, Kulan, Kiang und Djiggetai sowie des Hemione, der vor ca. 100 Jahren ausstarb) lebten nur in Asien. Die Esel, von denen alle heutigen Eselarten abstammen, gab es nur in Nordafrika, und die Pferde (Ponys eingeschlossen, die ja auch Pferde bis zum Stockmaß von 1,47 m sind) waren Bewohner Europas und Westasiens.

Wissenschaftler fanden heraus, dass in der Eiszeit vier Haupttypen von Pferden oder Ponys existierten. Da Pferde in Nord- und Südamerika um 6000 v. Chr. verschwanden (sie wurden erst viel später von den spanischen Eroberern wieder eingeführt), heißt das, dass die vier Haupttypen Europa und Westasien bewohnten. Über die Ursache für das Verschwinden der Pferde in Amerika ist viel spekuliert worden. Klimaveränderungen oder Futterknappheit wären als Gründe möglich, doch andere große Pflanzenfresser wie Bisons überlebten und gediehen. Einige Wissenschaftler glauben, dass eine durch Viren oder Bakterien übertragene, evtl. durch Insekten verbreitete tödliche Krankheit über den Kontinent gefegt sein und die Pferde ausgelöscht haben könnte. Doch die Ursache bleibt eines der großen ungelösten Geheimnisse.

DIE VIER PONYTYPEN

Unsere heutigen Pferde- und Ponyrassen stammen von vier Typen ab.

Typ 1 war ein Pony in Nordwesteuropa, das ein Stockmaß von ca. 1,25 m hatte und in vieler Hinsicht dem heutigen Exmoor-Pony sehr ähnlich war.

Typ 2 war ebenfalls ein Pony, aber schwerer als Typ 1. Es erreichte ein Stockmaß von bis zu 1,45 m, und sein Fell war heller. Die meisten europäischen Pferde der frühen Steinzeit gehörten wahrscheinlich diesem Typ an.

Typ 3 war ein zentralasiatisches Pferd mit einem langen, schmalen Kopf, das ein Stockmaß von ca. 1,2 m hatte. Es spielte offenbar keine bedeutende Rolle in der späteren Entwicklung der Pferde und Ponys.

Typ 4 war ein reines Pony, obwohl es oft als ein feingliedriges kleines Pferd bezeichnet wird. Es hatte ausgewachsen ein Stockmaß von 1,2 m und lebte in Westasien. Das Kaspische Pony aus dem Iran sieht ihm heute am ähnlichsten.

Heutige Ponys entstanden, so wird angenommen, aus Kreuzungen zwischen allen oder einigen dieser vier Typen. Kreuzungen zwischen Typ 1 und 4 führten wahrscheinlich zum Tarpan, einem Wildpferd, das in Russland, Osteuropa und Deutschland bis zum 19. Jahrhundert überlebte. (In den letzten Jahren ist es gelungen, das ausgestorbene Tier „wiederzuerschaffen", indem Rassen wie das Island-Pony und das auf der Insel Gotland beheimatete Skogsruss-Pony über mehrere Generationen gekreuzt wurden.) Der Tarpan ist der Vorfahr vieler heute bekannter Ponyrassen, wie dem polnischen Konik, dem Bosnier, dem Huzule aus den Karpaten und dem Schweike aus Polen.

DOMESTIZIERUNG

UNTEN: *Heutige Ponyrassen sind aus frühen Ponytypen entstanden. Heute gibt es eine bunte Vielfalt an Größen, Fellarten und Farben.*

Diese begann ca. 3000 v. Chr., sehr wahrscheinlich in Osteuropa (in den ukrainischen und russischen Steppengebieten), Kasachstan und in den Steppen Westasiens, hauptsächlich am Aralsee. Von diesen Gebieten aus verbreitete sich das domestizierte Pferd nach 2000 v. Chr. weiter. Allerdings hatten die Sumerer in der Gegend des heutigen Irak bereits um 3000 v. Chr. den Onager, einen asiatischen Halbesel, domestiziert. Das Pferd vom Typ 2 wurde als erstes als Last- und Reittier genutzt, wahrscheinlich von Rentierhirten. Danach wurden Typ 3 und 4 vor den Wagen gespannt. Zuletzt wurde Typ 1 gezähmt, ursprünglich als Lasttier, da Esel und Maulesel im Europa nördlich der Alpen bis ca. 100 n. Chr. unbekannt waren. Vor 600 v. Chr. waren alle „Pferde“, die in den alten Zivilisationen vor Wagen gespannt oder geritten wurden, in Wirklichkeit Ponys.

Alle heute lebenden „Wildpferde“ (außer dem Przewalski-Pferd), die neun britischen Rassen eingeschlossen (s. S. 18–23), sind in Wirklichkeit keine echten Wildpferde: Sie sind Nachkommen der domestizierten Stämme, die wieder verwilderten. Die Brumbies in Australien, von denen jedes Jahr viele gefangen, geschlachtet und zu Hunde- und Katzenfutter verarbeitet werden, sind Nachfahren der domestizierten Ponys, die von den Siedlern ins Land gebracht wurden und sich mehr als 130 Jahre in der Wildnis fortgepflanzt haben. Einige Fachleute sind der Auffassung, dass bestimmte britische Ponyrassen echtes Wildpferdeblut haben. Das Exmoor-Pony könnte ein reinblütiges Wildpferd sein, das in einem Teil von England lebte, der von der Gletscherbildung der Eiszeit verschont blieb. Es gibt auch Spekulationen über das Connemara-Pony Irlands; es hat heute sicherlich viel Araberblut in sich, doch wurden Pferdeschädel in irischen Torfmooren gefunden, die aus einer Zeit kurz nach dem Ende der Eiszeit stammen, also noch bevor Pferde in Irland vom Menschen genutzt wurden.

LINKS: *Das Schicksal des Ponys hat sich in den westlichen Ländern gewandelt. Einst reines Nutztier, ist es heute Kamerad des Menschen und spielt eine wichtige Rolle beim Reiten in der Freizeit.*

KREUZUNGEN

Unter natürlichen Bedingungen scheinen sich wilde Equiden nicht zu kreuzen. Selbst Bergzebras kreuzen sich niemals mit Butchell-Zebras, die im selben Gebiet leben. Weder kreuzen sich Grevy-Zebras mit wilden Eseln in Somalia noch asiatische Halbesel (Onager) mit Przewalski-Pferden. Unter domestizierten Tieren aber kommen Kreuzungen vor:

- Eselhengst und Pferdestute = Maultier
- Eselstute und Pferdehengst = Maulesel
- Zebra und Pferd = Zebroid

All diese Mischlinge, ausgenommen eine gelegentlich vorkommende Mischung von Maultier und Zebra, sind meist unfruchtbar, ansonsten starke, fügsame Lebewesen. Bei der – seltenen – erfolgreichen Zeugung von Nachkommen bringt ein weibliches Maultier, das mit einem Pferdehengst gekreuzt wurde, entweder ein Maultier oder ein Pferd hervor; der Nachkomme eines weiblichen Maultiers und eines Eselhengstes wird entweder ein Maultier oder ein Esel sein. Das liegt daran, dass die Eierstöcke des weiblichen Maultiers zum Teil Eier mit Erbanlagen des Pferdes, zum Teil Eier mit Erbanlagen des Esels produzieren. Jedes Ei trägt immer nur die Erbanlagen einer Art.

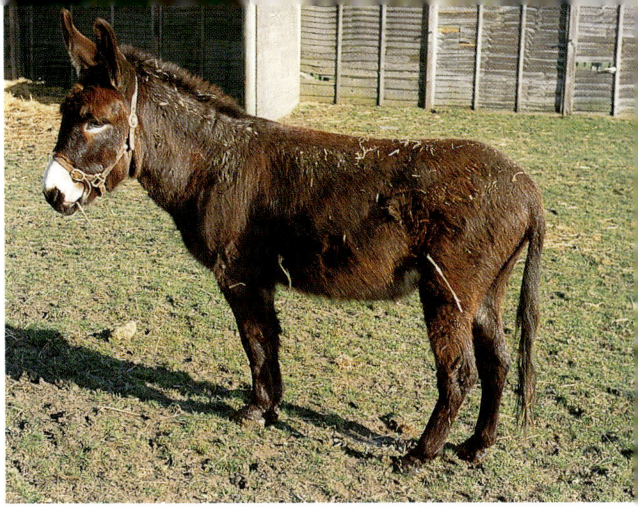

OBEN: *Esel sind anspruchslose, reizende Tiere. Sie wecken in vielen jungen Menschen die erste Begeisterung für die Reiterei.*

DAS QUAGGA

Raten Sie einmal, wer vor nicht allzu langer Zeit einen wilden Verwandten des Ponys, ein rätselhaftes Lebewesen, das halb wie ein Pony, halb wie ein Zebra aussah, ausgelöscht hat? Der Mensch. Gemeint ist das Quagga der südafrikanischen Prärie. Es hatte dunkle braune Streifen auf Kopf und Nacken sowie braunes Deckhaar, Beine und Bauch waren weiß. Obwohl es bis 1920 immer wieder Menschen gab, die behaupteten, einzelne Exemplare gesehen zu haben, ist es recht sicher, dass das letzte wilde Quagga bereits 1861 erschossen wurde. Die Tiere sollen ein schrilles Bellen von sich gegeben haben.

Die Quaggas gediehen gut in Gefangenschaft - eines wurde um 1820 im Schloss Windsor gehalten, und 1860 zog ein Gespann von Quaggas den Futterwagen im Londoner Zoo. Das letzte Quagga vom Regent's Park starb 1872, und das letzte Quagga der Welt starb in Amsterdam 1883. Unglaublich (doch kein Einzelfall), dass niemand versucht hat, Quaggas in Gefangenschaft zu züchten. Vermutlich nahm man an, dass es in Afrika immer reichlich wilde Quaggas geben würde. Es gibt noch Fotos von Quaggas und auch das berühmte Gemälde eines Quaggas im Königlichen College für Chirurgie von George Stubbs. In den Museen der Welt verstauben ca. 20 Quagga-Felle. Hoffen wir, dass die wilden Pferde und Esel, deren Überleben in unserer Zeit an einem seidenen Faden hängt, nicht so enden.

GRUBEN-PONYS

Bis vor einigen Jahren mussten Ponys in Kohlebergwerken, besonders in Südwales, Ladungen mit Kohle unter Tage von der Grube zum Förderschacht ziehen. Diese Tiere lebten in ständiger Dunkelheit, bedeckt mit Ruß und Staub, wurden aber meist von den Bergleuten, die all die Entbehrungen und lauernden Gefahren der unterirdischen Arbeit mit ihnen teilten, gut behandelt.

Zum Glück gibt es jetzt keine Ponys mehr, die unter Tage leben; die letzten wurden ans Tageslicht geholt, um ihr restliches Leben an Sonne und frischer Luft zu verbringen. Einige Rehabilitationszentren für Gruben-Ponys, wie das in der Fforest Uchai Farm nahe Pontypridd in Wales, kümmern sich um diese tapferen kleinen Tiere, die einen friedlichen Lebensabend verdient haben.

OBEN: *Ein schöner Anblick – ein pensioniertes Gruben-Pony grast im Sonnenlicht.*

ENTWICKLUNG DES PONYS

Die heute lebenden Ponys verdanken ihre Entwicklung in der Hauptsache einer fundamentalen Veränderung des Erdklimas, die vor ca. 24 Millionen Jahren begann. Das Wetter wurde differenzierter, regelmäßige Jahreszeiten bildeten sich heraus, es war allgemein trockener, und die tropische Zone verkleinerte sich zum Äquator hin. Die Wälder zogen sich zurück, und überall wuchsen Gräser im Überfluss. Die Pferde-Nachkommen des *Hyracotherium* wanderten vom Busch in die neu gebildeten Grassavannen. Damit die Lebewesen mit den Vorteilen und Gefahren der weiten Flächen umgehen konnten, veränderte die Evolution die Eigenschaften des Pferdekörpers auf sehr vernünftige Weise.

Die drei Hauptanforderungen für ein Leben in den Ebenen:

- Effiziente Werkzeuge waren nötig, um Gras abzurupfen und zu zerkleinern, das, im Gegensatz zu den Blättern (von denen sich die im Wald lebenden Vorfahren ernährt hatten), viel raue Kieselsäure sowie mehr harte Fasern enthält – Zähne.
- Mechanismen mussten entwickelt werden, um Gefahren schon aus sicherer Entfernung zu bemerken – Sinne.
- Möglichkeiten mussten gegeben sein, Gefahren aus dem Weg zu gehen, da der schützende Wald verlassen wurde – Körperbau.

Pferde, unsere heutigen Ponys und Esel eingeschlossen, verfügen über dieses nötige Rüstzeug.

Zähne

Die Tiere haben zwei zum Gras Fressen sehr gut geeignete Zahntypen: scharfe Schneidezähne zum Abweiden und spezielle Backenzähne mit hohen Kronen zum Zerkleinern. Andere Grasfresser, wie Rinder, Schafe und Hirsche, verfügen über mehrere Mägen mit Verdauungsbakterien, die das faserhaltige Futter verarbeiten. Pferde, Ponys und Esel haben einen relativ einfachen Magen, der mehr dem des Menschen ähnelt. Sie besitzen sehr geräumige, lange Därme, in denen Bakterien den Verdauungsprozess unterstützen.

Augen und Ohren

Weite Flächen führten zu einer Entwicklung von großen Augen, die an den Seiten des Kopfes sitzen, perfekt positioniert, um am Horizont jeden Hinweis für eine herannahende Gefahr zu entdecken. (Exzellentes Hören, mit beweglichen, „richtungsfindenden“ Ohren, ist ebenso hilfreich). Ponys und Esel sehen hervorragend und können einen Menschen aus einer Entfernung von fast 1,5 km ausmachen. Da die Augen seitlich am Kopf sitzen, überlappen sich die Gesichtsfelder nicht, und so sind die Tiere unfähig, stereoskopisch zu sehen, wie wir Menschen es tun. Andererseits ermöglicht die längliche, horizontale Pferdepupille, die einem Briefkastenschlitz ähnelt, eine viel weitere Sicht als die runde Menschenpupille.

Obwohl das Pony nicht so ein großes Farbspektrum sehen kann wie der Mensch oder andere Primaten, verfügt es doch über ein recht ausgeprägtes Farbempfinden – in dieser Hinsicht ist es Giraffen, Zebras und Eichhörnchen ebenbürtig. Ponys können viele feine Details sehen; ihre Verwandten, die Zebras, können einander anhand des Streifenmusters wiedererkennen. Glücklicherweise sind keine zwei Zebras identisch gestreift.

Die beweglichen Ohren dienen nicht nur dem Empfangen von Geräuschen, sie werden auch, besonders von wilden Pferden, für eine Art simpler Zeichensprache benutzt.

Der Geruchssinn ist erstklassig. Die Nüstern sind groß und geschmeidig und können bei Staub oder Sandstürmen fest geschlossen werden. Bei günstigem Wind kann ein Wildesel einen Menschen aus einer Entfernung von ca. 450 m riechen.

Körperbau

Ponys sind größer als ihre waldbewohnenden Vorfahren. Massigere Körper nutzen das Futter effektiver und können die Körpertemperatur besser aufrechterhalten. Die Größenzunahme war gut für Tiere, die nicht länger unter niedrigen Zweigen hindurchschlüpfen mussten.

Die immense Muskelkraft der Equiden bündelte sich auf nur vier Zehen – einen an jedem Bein; dies ermöglichte eine schnelle Flucht vor Angreifern. Die anderen Zehen bildeten sich weitgehend zurück, während der übrig gebliebene sich zu einem herrlichen Rennwerkzeug entwickelte. Der primitive „Nagel“ wurde zu einem Huf, und ein komplexes System von Bändern im Fesselgelenk entstand, das die Flexibilität vorn und hinten erhöhte und zur Seite hin verminderte. So wurde dem Bein zusätzliche Sprungkraft verliehen.

Domestizierte Ponys können ziemlich flink sein, doch sie können nicht mit ihren wilden Verwandten konkurrieren. Wildesel können bemerkenswert schnell und unermüdlich sein, manche Fachleute halten sie in vieler Hinsicht Reitpferden überlegen. Onager (asiatische Halbesel) z. B. können eine Geschwindigkeit von 45 km/h über eine Zeit von fast einer halben Stunde erreichen, mit kurzen Steigerungen auf über 48 km/h. Vergleichen Sie das mit dem Rekord eines Vollblut-Rennpferdes: Unter idealen Bedingungen rennt es 55,15 km/h über 5 km. Selbst über eine kurze Distanz schafft das Rennpferd kaum mehr als 64 km/h. Wildesel sind auch gute Springer: Onager überwanden schon 3 m hohe Wände.

Biologen ordnen Ponys ziemlich hoch auf der Intelligenzskala der Tiere ein, und man glaubt, dass sie auch ein gutes Gedächtnis besitzen. Eines ist sicher: Auch im bescheidensten Pony steckt ein Derby-Gewinner mit all den speziell ausgebildeten Fähigkeiten, die Pferde vor so vielen Jahrtausenden befähigten, aus dem Dschungel herauszugaloppieren.

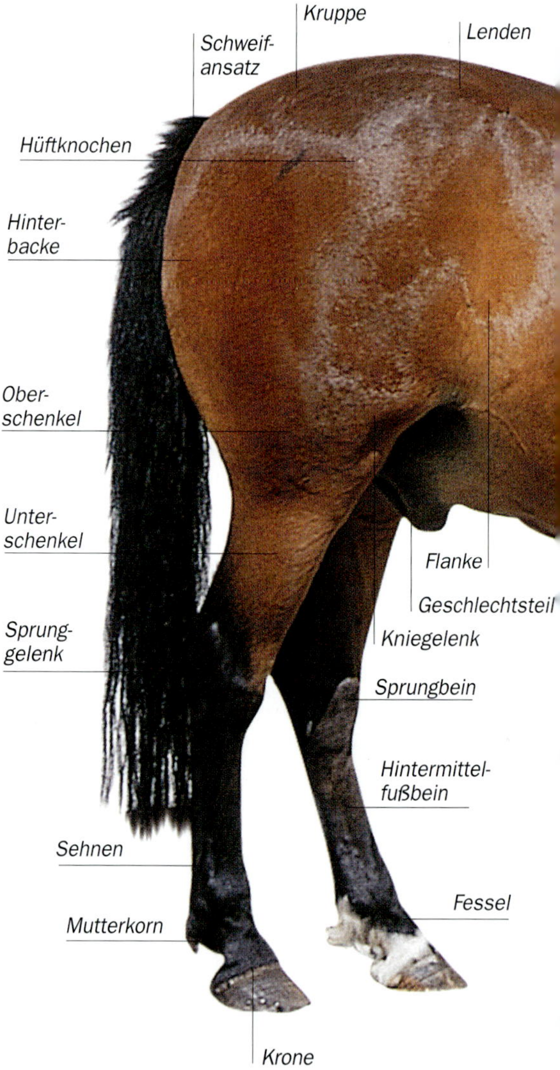

UNTEN: *Die Bezeichnungen der Körperteile eines Pferdes oder Ponys – dieses Vokabular sollte jeder Ponybesitzer kennen.*

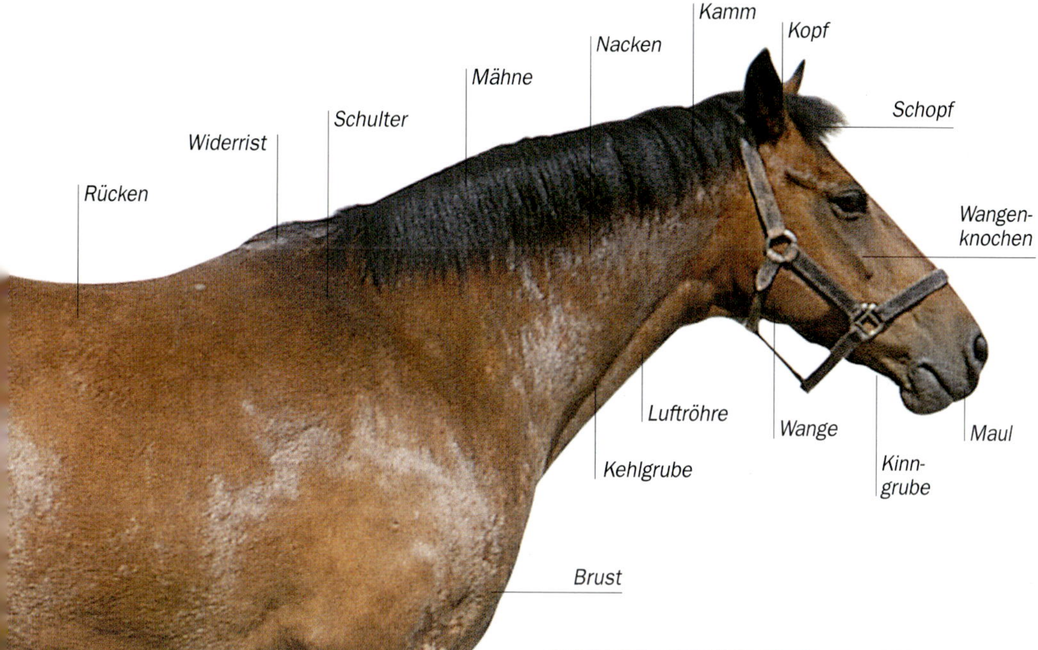
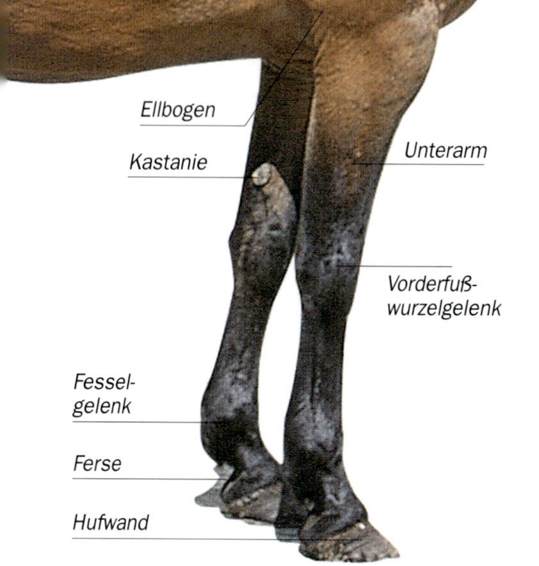

OBEN: *Vom frühen Alter an können Ponys den meisten potenziellen Feinden entkommen, obwohl sie nicht so behände sind wie Wildesel oder Onager. Schnelligkeit ist das wichtigste Verteidigungsmittel der Ponys.*

Britische Rassen

Zu Beginn des vorigen Jahrhunderts konnte sich Großbritannien fünfzehn oder mehr verschiedener Ponyrassen rühmen. Einige von ihnen, wie das Galloway-Pony, verschwanden, ihre Gene leben jedoch in vielen Highland- und Fellponys weiter. Heute gibt es noch neun britische Ponyrassen, normalerweise Berg- oder Moor-Ponys genannt, obwohl sie weder nur im Hochland vorkommen noch speziell an das Leben dort angepasst sind. Es gibt Stutenbücher und Rassestandards für jede Rasse.

Im Folgenden sind die neun Rassen aufgeführt.

NEW-FOREST-PONYS

Diese Rasse kommt in allen Farben vor, Schecken gelten jedoch als „unrein". Die Ponys bewohnen den Crown forest, der ihnen den Namen gab und der in Hampshire zwischen dem Fluss Avon und den Gewässern von Southampton liegt. Ihre Zucht wird durch die Auswahl der Junghengste kontrolliert, die jedes Jahr im April gefangen und zur Schau gestellt werden; die minderwertigen Tiere werden aussortiert. Die Stuten leben das ganze Jahr in Freiheit. Sie bleiben meist – in Gruppen von bis zu sechs Muttertieren plus Fohlen – in bestimmten Waldgebieten, die man als ihre Heimat ansehen kann. Die Ponys sind gut für den Wald: Beim Umherziehen und Grasen lichten sie dichtes Unterholz.

UNTEN: *Dieser kastanienbraune New-Forest-Hengst ist ein prächtiges Exemplar seiner Rasse.*

DARTMOOR-PONYS

Sie ähneln den New-Forest-Ponys, doch da die Hengste nicht systematisch selektiert werden, weist ihr Aussehen eine noch größere Bandbreite auf. Sie haben schmale Köpfe mit winzigen Ohren und erreichen ein Stockmaß von 1,25 m. Die Farben sind normalerweise braun, schwarz oder grau; Schecken werden, wie beim New-Forest-Pony, nicht ins Zuchtbuch aufgenommen. Die im äußersten Südwesten Englands beheimateten Ponys sind ein freundliches Völkchen und leicht zu zähmen.

EXMOOR-PONYS

Echte Exmoor-Ponys sind, anders als die übrigen britischen Ponys, einheitlich im Aussehen. Das Fell ist dunkelbraun, manchmal ein wenig weiß gefärbt. Sie haben ein helles Maul, eine breite Stirn, kurze, dicke Ohren und hübsche große

OBEN: *Ein Dartmoor-Hengst; sein Kopf ist verglichen mit dem der meisten anderen Ponyrassen etwas kleiner.*

UNTEN: *Dieses Exmoor-Pony zeigt die typische dunkelbraune Fellfärbung.*

Augen; die Brust ist breit und tief. Sie besitzen feine Gliedmaßen, dichtes Fell sowie volles Mähnen- und Schweifhaar und erreichen ein Stockmaß von 1,25 m. Die Ponys sind sehr widerstandsfähig; man weiß, dass sie ungewöhnlich strenge Winter überlebt haben, in denen Schafe und sogar Hirsche zugrunde gingen. Es ist möglich, dass das Exmoor-Pony das einzige reine Wildpferd in Großbritannien ist. Einige Fachleute nehmen sogar an, dass es das einzige noch existierende reinrassige Wildpferd auf der Welt ist – sie halten das Przewalski-Pferd für eine Mischzüchtung. Mit Sicherheit war die Gegend von Exmoor im Südwesten Englands während der Eiszeit nicht vergletschert, und in den Höhlen von Mendip wurden Pferdefossilien gefunden, die ca. 100 000 Jahre alt sind und deren Knochenaufbau identisch mit dem heutiger Exmoor-Ponys ist.

CONNEMARA-PONYS

Diese gelehrige Rasse stammt aus den entlegenen Hochländern von Galway in Irland. Connemaras treten ebenfalls in vielen Farben auf, haben einen tiefen, stämmigen Rumpf und relativ kurze Gliedmaßen. Sie erreichen ein Stockmaß von 1,3 bis 1,45 m. Viel arabisches Blut fließt in ihren Adern, und sie sind tapfere kleine Springer.

UNTEN: *Dieses Connemara-Pony zeigt deutlich einige Merkmale des Araber-Vollblutpferdes.*

WELSH-PONYS

Diese Ponys treten in allen Farben auf, haben einen schweren Kopf und kurzes Mähnen- und Schweifhaar. Sie mögen echtes britisches Wildponyblut in sich haben, doch in der Hauptsache stammen sie von orientalischen Rassen ab, die von den Römern ins Land gebracht wurden.

SHETLAND-PONYS

Sie mögen klein sein (0,9 bis 1,16 m Stockmaß), sind jedoch zäh und stark. Brust und Hinterleib sind breit, das Mähnen- und Schweifhaar fällt sehr schön. Sie haben kleine Ohren und große, wohlgeformte Augen. Die Farben sind unterschiedlich, doch schwarz ist besonders beliebt. Shetländer leben immer noch das ganze Jahr über im Freien. Die Zuchtauswahl und Typenkontrolle begann erst im späten 19. Jahrhundert unter der Leitung von Lord Londonderry in Großbritannien.

OBEN: *Das Shetland-Pony ist tapfer und verlässlich.*

UNTEN: *Ein Welsh-Pony vom Typ Welsh-Cob – es ist ein exzellentes Allround-Pony.*

HIGHLAND-PONYS

Bei dieser zähen kleinen Rasse gibt es viele Variationen. Es sind stämmige Tiere mit kleinen Ohren, vollem Mähnen- und Schweifhaar und mit Fesselbehang. Ihre Augen stehen weit auseinander, und sie treten in einer großen Farbenvielfalt auf, z.B. kastanienbraun mit heller Mähne und hellem Schweif. Manche haben „Zebrastreifen" an Vorderknie und Sprunggelenk.

Sie werden 1,25 m bis 1,45 m groß. Die größeren Vertreter der Rasse sind eher auf dem schottischen Festland zu finden (sie werden Garrons genannt), der kleinere, zierlichere Typ lebt auf den westlichen Inseln.

Sie besitzen viel arabisches und französisches Ponyblut.

DALES-PONYS

Dales-Ponys stammen aus den nordenglischen Grafschaften und den benachbarten Tieflandgebieten Schottlands. Sie waren wichtige Packtiere und hunderte von Jahren – bis zum Ende des 19. Jahrhunderts – bedeutsam für den Handel. Sie werden bis zu 1,5 m groß, ihr Körper ist schwerer als der von Fellponys. Die Farbe ist meist schwarz, weiße Zeichnungen kommen vor.

FELLPONYS

Aus den gleichen Gebieten stammend wie die Dales-Ponys, waren die Fellponys hauptsächlich Reittiere, die im Hochland genutzt wurden, während die schwereren Dales-Ponys ihren Platz in den Tälern hatten, wo sich Industrie und Handel konzentrierten. Fellponys sind meist schwarz, es gibt eine kleine Anzahl von Braunen, Füchsen und Schimmeln. Sie werden bis zu 1,45 m groß und traben schnell und unermüdlich. Sie besitzen ausländisches Blut (Friese, Dolehest und Fjord-Pferd) – was an die Besiedlung der nordenglischen Grafschaften durch Eindringlinge aus Norwegen und den Niederlanden zu verschiedenen Zeiten in der Geschichte erinnert.

RECHTS OBEN: *Dales-Ponys transportierten einst Blei aus den Minen zu den Häfen der Ostküste.*

RECHTS UNTEN: *Die Fellponys kamen ursprünglich aus dem Gebiet westlich der Penninen, während die Dales-Ponys östlich davon beheimatet waren.*

UNTEN: *Ein schöner Highland-Schimmel; die kleineren Highland-Ponys leben auf den Inseln vor der schottischen Westküste.*

Amerikanische Rassen

Nach dem mysteriösen Verschwinden der Pferde in Nord- und Südamerika um 6000 v. Chr. vergingen mehr als 7000 Jahre, bis diese Tiere von den spanischen Kolonisten wieder eingeführt wurden. Ein großes Verdienst beim Erfolg der Eroberer kommt deren vierbeinigen Gefährten zu, nicht zuletzt deshalb, weil die bis dahin unbekannte Erscheinung dieser „Monsterwesen“ die einheimischen Völker in Angst und Schrecken vor den Invasoren versetzte. Danach wurden im Laufe der Jahrhunderte – mit der Ankunft von Einwanderern und ihren Pferden aus allen Teilen der Welt – durch künstliche Selektion spezielle amerikanische Pferdetypen entwickelt. Einige Rassen sind erst vor relativ kurzer Zeit entstanden.

PONYS OF THE AMERICAS

1954 erstand Les Boomhower, ein Shetland-Pony-Züchter aus Iowa, eine Araber-Appaloosa-Stute, die durch Zufall mit einem Shetland-Hengst zusammengekommen war. Als das Fohlen geboren wurde, stellte es sich als ein entzückendes Tier heraus, mit schwarzen Punkten auf dem ganzen Körper. Von Mr Boomhower Black Hand genannt, war dies das erste Pony of the Americas (POA). Die neue Rasse war schnell etabliert, vom POA-Club wurden Standards festgelegt, und die neuen Ponys wurden ein großer Erfolg. Es gibt eine Vielzahl von Fellmustern, das häufigste ist das so genannte Deckenmuster – weiße Lenden und Gliedmaßen mit dunklen runden Flecken, die in der Größe von bloßen Punkten

LINKS: *Seit ca. 50 Jahren gibt es das Pony of the Americas, ein attraktives Tier, gut geeignet für Anfänger.*

bis zu Flecken von 4 cm Durchmesser variieren können. Einige Ponys zeigen über den ganzen Körper verteilt Flecken – das Leopardenmuster.

Andere Charakteristika sind die gesprenkelte, schlammfarbene Haut (wie beim Appaloosa), die gut sichtbaren weißen Ringe um die Augen und die deutlichen hellen oder dunklen, vertikalen Streifen an den Hufen (gelegentlich auch bei anderen Rassen zu sehen).

Das POA ist ein sanftes und leicht zu erziehendes Tier – intelligent, ausdauernd und mit einem ausgeglichenen Wesen, ist es das ideale Anfängerpony.

OCRACOKE-PONYS

Die Insel Ocracoke vor der Küste von North Carolina ist die Heimat einer Ponyrasse, über deren Ursprung es einige romantische Legenden gibt. Manche sagen, diese Ponys seien die Nachfahren von Pferden, die von Cortez aus Spanien ins Land gebracht wurden, als er auf der Suche nach Gold gen Mexiko zog. Andere ziehen die Geschichte eines Schiffes vor, auf dem sich ein Zirkus mit vielen Tieren befunden haben und das in einem Sturm gesunken sein soll; bis auf zwei Pferde sollen alle ertrunken sein. Fachleute glauben, dass die wahrscheinlichsten Ahnen der Rasse Ponys waren, die Raleigh bei seinen Expeditionen auf der Insel Roanoke zurückließ. Die Ocracoke-Ponys leben heute geschützt im Nationalpark der Insel auf ca. 65 ha Landfläche.

CHINCOTEAGUE-PONYS

Die Insel Assateaque, 60 km lang, liegt vor der Küste von Maryland und Virginia. Die dort lebenden Ponys sind wilde Tiere – Nachfahren domestizierter, wieder verwilderter Ponys. Woher kamen sie? Manche Leute glauben, sie hätten den Untergang eines spanischen Segelschiffes überlebt. Doch wahrscheinlicher ist, dass sie von Pferden abstammen, die im 17. Jahrhundert von ihren Besitzern – die auf dem Festland lebten und Viehsteuern umgehen wollten – auf die Insel gebracht wurden.

Das Chincoteague-„Pony" könnte ein „Pferd" sein, das wegen des minderwertigen Futterangebots und den rauen Verhältnissen auf der Insel nur 1,2 bis 1,3 m Stockmaß erreicht. Die Ponys können mit einer Kost aus groben, salzigen Sumpfgräsern, Zweigen und Seetang überleben, und sie trinken sehr salziges Brackwasser.

Zwei Herden leben auf der Insel – eine auf dem zu Maryland, die andere auf dem zu Virginia gehörenden Teil. Jeder Bundesstaat kontrolliert seine eigene Herde und hält die Zahl der Pferde auf maximal 150, indem überschüssige Tiere verkauft und den Stuten mit Wurfpfeilen Verhütungsmittel injiziert werden.

AMERICAN WALKING-PONYS

Diese Rasse wurde in den 1960er-Jahren aus dem Tennessee-Walking-Horse und dem Welsh-Pony entwickelt. Vom Ersteren erbte sie den eleganten, weichen Gang im Viertakt; vom Letzteren den feinen Kopf und den langen, gewölbten Hals. Die verschiedenen Gangarten des Walking-Ponys werden von Generation zu Generation weitergegeben, und sie haben so entzückende Namen wie „Pleasure-Walk" (langsamer, versammelter Viertakt) und „Merry-Walk" (schnellerer Viertakt). Es ist wirklich einzigartig, auf diesen Ponys zu reiten: Sie bewegen sich sanft, die Übergänge von einem Gang in den anderen sind fließend.

QUARTER-PONYS

Dieses beliebte, ausgeglichene Pony ist ein „Mini"-Quarter-Horse – entwickelt aus Quarter-Horses, die nicht die von der Quarter-Horse-Gesellschaft festgesetzte Mindestgröße von 1,45 m erreichten. Im Unterschied zu seinem größeren Verwandten kommt das Quarter-Pony in einer Vielfalt von Farben daher. Im Durchschnitt

sind die meisten Quarter-Ponys 1,35 m groß und damit ideal für kleine Reiter, wobei jetzt auch größere, muskulöse Tiere gezüchtet werden. Diese starken Exemplare sind gute Reitpferde für große Reiter und häufig bei ländlichen Veranstaltungen zu sehen, wo sie an Ochsen-Ringwettkämpfen („bull dogging") teilnehmen.

CAYUSE-INDIAN-PONYS

Weniger gut bekannt als das POA und heute meist in Kalifornien zu finden, ist dieses kleine, zuverlässige Pony mit hohem Widerrist und ungewöhnlich langen Röhrenbeinen wahrscheinlich ein Nachfahre französischer Pferde, die im 17. Jahrhundert nach Kanada gebracht wurden. Später kreuzten Pawnee-Indianer diese Ponys mit leichter gebauten spanischen Arabern und brachten ein zähes schnelles, ausdauerndes Tier hervor. Im frühen 18. Jahrhundert, als Ergebnis sorgfältiger Zuchtauslese der Cayuse-Indianer, war das Cayuse-Indian-Pony bereits eine eigene Rasse. Bemerkenswert ist das farbenprächtige Fell mit der Tendenz zu einzelnen weißen Markierungen oder Flecken.

UNTEN: *Das Cayuse-Indian-Pony wurde von amerikanischen Ureinwohnern aus europäischen Ponys entwickelt.*

Weitere Ponyrassen

Es gibt mehrere hundert verschiedene Ponyrassen auf der Welt – einige sind häufig zu finden, andere extrem selten. Manche bieten reines Reitvergnügen für Jung und Alt, andere tragen Farmer und Schafhirten bei der Arbeit, fungieren als Lasttiere und Wagenpferde, sind „Polo-Spezialisten“ oder leben wild in den mongolischen Steppen; in einigen Gegenden sind Ponys sogar Milchlieferanten. Halten Sie bei Ihren Reisen Ausschau und fragen Sie die Einheimischen nach Ponyrassen. Nachfolgend finden Sie einige Rassen im Überblick.

UNTEN: *Der Ursprung des Falabella-Ponys ist höchst mysteriös.*

- **Avelignese:** Dieses Packpony stammt aus den Alpen und den italienischen Apenninen.
- **Baleare:** Das seltene Arbeitspony können Sie mit etwas Glück in den Orangenhainen Mallorcas sehen.
- **Bashirsky:** Eine Ponyrasse aus Russland; die Stutenmilch wird von der Bevölkerung als Arznei getrunken. Eine Stute kann innerhalb einer Melksaison von sieben Monaten mehr als 1818 Liter Milch geben.
- **Bosnier:** Dieses Pony aus Bosnien ist höchst zäh, intelligent und vielseitig einsetzbar.
- **Camargue-Pferd:** Das berühmte grau-weiße Pony aus dem südostfranzösischen Marschland hat einen Hüftwirbel mehr (sieben) als die meisten anderen Pferde.
- **Dülmener Wildpferd:** Eine in Westfalen halbwild gehaltene deutsche Rasse; einmal jährlich werden die Junghengste aussortiert und verkauft.
- **Falabella:** Das kleinste Pferd der Welt wird nur 70 cm groß – es muss zu einer Riesendogge aufschauen! Es gibt zahlreiche Legenden, dass die Ponyrasse einem sonderbaren Zwergenpferd entstammt, das vor langer Zeit aus dem südamerikanischen Dschungel kam. Doch wahrscheinlich ist, dass die Rasse auf der Recreo-de-Roca-

Ranch, nahe Buenos Aires, von der Familie Falabella durch Verwendung von Shetland-Ponys als Zuchtbasis und sorgfältige Inzucht der jeweils kleinsten Tiere entwickelt wurde. Man kann diese winzigen, aber widerstandsfähigen Lebewesen in Ställen und Wildparks auf der ganzen Welt sehen.

Fjord-Pferd: Das skandinavische Pony ist immer falb, mit silbrig hellem Mähnen- und Schweifhaar; es ist wahrscheinlich der Urahne heutiger westlicher Kaltblutrassen.

Galiceno: Seine Vorfahren sollen aus Galicien im nordwestlichen Spanien stammen und von Cortez mit nach Mexiko gebracht worden sein. Inzwischen ist es in den gesamten USA verbreitet. Es hat ein sanftes Wesen und ist ein exzellentes Pony für Kinder.

Garrano: Das portugiesische Pony hat sich seit den Zeiten der Höhlenmalereien nicht verändert.

Haflinger: Dieses Berg-Pony aus dem österreichischen Tirol ist bis zum Alter von 35 Jahren und mehr ein starker Arbeiter.

Marwari: Diese Ponys waren die Streitrösser der mongolischen Herrscher Indiens.

Sable Island: Die Rasse mit nur 200 bis 300 Exemplaren stammt von neuenglischen Ponys des 18. Jahrhunderts ab. Die Tiere leben mit wenig Schutz in der rauen, unfruchtbaren Landschaft von Sable Island vor der Küste von Neuschottland.

Spiti: Das Pony aus dem Himalaya ist ein zäher Hochgebirgskletterer.

Timor: Dieses nur ca. 90 cm große Reit- und Kutschpony ist flink und gelehrig. Es ist auf der indonesischen Insel Timor beheimatet, jedoch auch in Australien und Neuseeland verbreitet.

Taishuh: Dieses starke, raue Pony aus Japan stammt aus dem 8. Jahrhundert. Heute existieren nur noch ca. 70 Tiere.

Viatka: Da es heute nur noch höchstens 2000 Exemplare gibt, müsste dieses zähe russische Pony geschützt werden. Im 19. Jahrhundert hielt man das hübsche Tier für das beste Troika-Pferd in Russland.

UNTEN: *Das Haflinger-Pony wurde für die harte Arbeit in den Tiroler Alpen gezüchtet.*

Zweites Kapitel

Ein Pony erwerben

Der Kauf eines Ponys birgt für den unwissenden und unvorsichtigen Käufer immer ein Risiko in sich. Die Mehrzahl der Ponyverkäufer ist ehrlich und oft auch sachkundig, doch es gibt auch skrupellose Pferdehändler. Sie könnten natürlich einem armen alten Pferdchen, das z. B. von einer Gesellschaft zum Schutz von Pferden und Ponys gerettet wurde, ein gutes Zuhause geben – Hut ab, wenn Sie solch ein Tier nehmen, Sie werden zweifellos reich belohnt werden. Wie auch immer, wenn Sie ein Tier kaufen – sehen Sie sich vor. Es gibt zahllose Fallen für den Ponykäufer. Beherzigen Sie in jedem Fall die Ratschläge auf den folgenden Seiten.

Auswahl des Ponys

Ein Pony zu erstehen ist kein leichtes Unterfangen. Bevor Sie zur Tat schreiten und ihre Wahl treffen, sollten Sie und Ihre Familie einige wichtige Überlegungen anstellen.

IHRE VORAUSSETZUNGEN

Haben Sie einen Stall für das Pony? Haben Sie gutes oder schlechtes Weideland? Gibt es jemanden, der das Pony betreut, wenn Sie im Urlaub sind? Ein zähes Pony einer einheimischen Rasse auf gutem Weidegrund wird – bis zu 75 Prozent – weniger Futter brauchen als ein empfindlicheres, „blaublütiges" Pony auf einer spärlich bewachsenen Weide. Es ist auch teurer, ein Pony in einem Mietstall unterzubringen.

WELCHE ART VON PONY?

Was für ein Pony wollen Sie für welchen Zweck? Einheimische Rassen sind billiger im Unterhalt, widerstandsfähiger und im Allgemeinen einfacher zu halten als vollblütige. Ponys von Reitschulen sind verständlicherweise meist gleichmütiger und zugänglicher als (manchmal „verdorbene") Ponys, die in Privatbesitz waren. Ein Wallach wird etwas ruhiger als eine Stute sein.

WIE GROSS SOLL DAS PONY SEIN?

Junge Menschen wachsen schneller als Ponys. Im Allgemeinen wird ein Pony von 1,45 m Stockmaß Kinder und die meisten Erwachsenen tragen können, aber Sie sollten es ausprobieren und sich auf seinen Rücken setzen. Die einzige Regel ist: Fühlt es sich richtig an?

ALTER DES PONYS?

Es sollte nicht zu jung und unerfahren, nicht zu alt und festgefahren in seinen (möglicherweise unerwünschten) Eigenarten sein. Ich glaube, ein gutes Alter ist sieben bis neun Jahre. Ein Pony dieses Alters kommt gewöhnlich gerade in seine besten Jahre und wird sich bis zum 20. Lebensjahr entwickeln. Selbst danach können Sie – mindestens noch zehn Jahre, wenn nicht mehr – noch viel von dem Tier haben, wenn es vielleicht auch weniger lebhaft ist. Je besser Sie das Pony halten, desto länger wird sein aktives Leben

LINKS: *Testen Sie vor dem Kauf, ob das Pony von der Größe her zu Ihnen passt. Haben Sie ein gutes Gefühl beim Reiten?*

sein. Sehr alte Ponys können übrigens genau das Richtige für kleine oder eher nervöse Kinder sein.

UNTERHALTSKOSTEN

Neben den Futterkosten (Kraftfutter, Heu und Stroh) sowie der Stall- und Weidemiete müssen auch die Tierarztkosten eingeplant werden (Ihr Pony bleibt hoffentlich gesund, doch selbst dann fallen die jährliche Tetanus- und Grippeimpfung und mehrere Wurmkuren an). Dazu kommen die Kosten für Sattelzeug und sonstige Ausstattung sowie für den Hufschmied, der zwei- bis achtmal jährlich die Hufe beschneidet und beschlägt.

WO MAN EIN PONY KAUFT

Vielleicht haben Sie Glück und ein Freund oder die örtliche Reitschule bietet Ihnen ein Pony an, das Sie gut kennen. Vereine zum Schutz von Ponys suchen oft nach einem guten Zuhause für die von ihnen aufgenommenen Tiere (wobei sie diese eher verleihen als verkaufen). Eine andere Möglichkeit sind Anzeigen in Pferdemagazinen, außerdem Ponyhändler, Pferdemärkte und Versteigerungen. Vor einem Kauf ist es äußerst wichtig, Anleitung und guten Rat von jemandem mit Erfahrung zu bekommen – von einem Mitglied des Ponyclubs, Ihrem Reitverein, einem Schmied oder einem erfahrenen Ponybesitzer. Bevor Sie sich von Ihrem Geld trennen, sollten Sie das Pony in jedem Fall von Ihrem Tierarzt „durchchecken" lassen. Das kostet zwar, ist aber gut angelegtes Geld.

WAS SOLLTEN SIE ERWARTEN?

Zuerst sollten Sie einen Blick auf das Pony werfen.

- Ist es aufmerksam, lebhaft, interessiert an Ihnen?
- Ist es ruhig und zugänglich, wenn Sie sich ihm nähern und es anfassen?
- Sind seine Bewegungen fließend und leicht?
- Wie reagiert es, wenn es gesattelt und geritten wird?

OBEN: *Lassen Sie das Pony herumführen, so können Sie seine Bewegungen und sein Temperament einschätzen.*

- Reiten Sie das Pony selbst. Geht es willig, ist sein Gang fließend?
- Lassen Sie es von sich weg- und zu Ihnen zurückführen. „Nickt" es mit dem Kopf, wenn ein Vorderbein – aber nicht das andere –, das Gewicht übernimmt? Das könnte ein Indiz für Lahmheit sein. Setzt jeder Hinterfuß gleichmäßig fest und für die gleiche Dauer auf dem Boden auf – wenn nicht, könnte auch dies Lahmheit bedeuten.
- Lassen Sie das Pony in einem engen Kreis an einem Strick oder an der Longe gehen, zuerst im Uhrzeigersinn, danach andersherum. Geht es fließend, ohne zu stolpern? Beschleunigt es seinen Gang ohne Protest und ohne übertriebene Bewegungen der hinteren Beine, wenn es angetrieben wird?
- Wenn möglich, sehen Sie sich die Reaktionen des Ponys auf Straßenverkehr an. Ist es schreckhaft oder zuckt es nicht einmal mit der Wimper?

Das Pony untersuchen

Die wichtigste Regel: Gehen Sie sicher, dass das Pony gründlich untersucht wurde, bevor auch nur ein Cent den Besitzer wechselt. Bitten Sie jemanden, der wirklich etwas von Pferden versteht, am besten Ihren Tierarzt, das Tier gründlich zu inspizieren. Das Pony muss rundum gesund sein, auch wenn der Körperbau unvollkommen, in irgendeiner Hinsicht unattraktiv oder ästhetisch unausgewogen sein sollte. Als Lieblingstier des begeisterten jungen Reiters sollte das Aussehen keine allzu große Rolle spielen, vorausgesetzt dass einzelne Schwächen des Körperbaus nicht auf eine potenziell schwache Anatomie hindeuten. Ausdrücke aus der Reitersprache für Mängel sind etwa „Gänserumpf" (abgeschlagene Kruppe), „Krötenaugen" (hervorstehende Augen) und „Kuhbeine" (nach innen

RECHTS: *Achten Sie auf eingeklemmte Steine, auf den Zustand des Strahls und auf Risse in den Hufwänden.*

UNTERSUCHUNG DES PONYS

Auch wenn der Tierarzt das Pony noch eingehend untersuchen wird, sollten Sie bestimmte Dinge selbst klären: Wie alt ist das Pony? Ist das äußere Erscheinungsbild (Exterieur) zufriedenstellend? Wie groß ist es?

Streichen Sie mit Ihren Händen über Körper und Beine. Gibt es irgendwelche Beulen oder Narben in der Sattellage oder an den Beinen? Reagiert das Pony an einigen Körperstellen empfindlich auf Berührung? Nehmen Sie ein Vorderbein auf, dann ein Hinterbein, nehmen Sie den Schweif und bewegen Sie ihn sanft von einer Seite zur anderen – ordnet sich das Pony willig unter? Sind die Hufe in gutem Zustand? Untersuchen Sie, ob es Zeichen für ein übermäßiges Wachstum oder eine ungleichmäßige Abnutzung des Hufs gibt; horizontale Rillen und Furchen auf der Hufwand können auf vergangene Anfälle von Lahmheit hindeuten. Ist der Strahl (das V-förmige Polster auf der Sohle) jedes Hufes gut geformt und die Sohle sanft gewölbt? Gehen Sie ein paar Schritte zurück und betrachten Sie die Beine des Ponys. Passt jedes Vorder- und Hinterbein zu dem anderen?

Bei all dem sollten Sie sich Zeit lassen und die Entscheidung nicht überstürzen. Hören Sie auf Ihre innere Stimme – mögen Sie das Pony? Mag es Sie? Springt der Funke über?

stehende Sprunggelenke). Besitzt das Pony einige dieser Eigenarten, heißt das jedoch nicht automatisch, dass es nicht gesund ist oder dass Sie mit ihm nicht eine Menge Spaß beim Reiten haben können.

Es gibt jedoch einige Schwächen im Körperbau, die ganz klar unerwünscht sind, weil sie höchstwahrscheinlich Ärger bedeuten. „Bockhufe“ z.B. – steile, schmale, gedrungene Hufe – schreien geradezu nach Lahmheit, und ein „Hirschhals“, der am oberen Rand konkav ist, könnte ein Symptom dafür sein, dass die Halsmuskeln nicht sehr belastbar sind, was einen schwingenden Rücken und das „An-den-Hilfen-stehen“ schwierig macht.

RECHTS: *Dies ist die richtige Stellung zum Untersuchen des Vorderbeins.*

OBEN: *Das Untersuchen der Sattellage gehört immer dazu. Gibt es Zeichen für wund geriebene Stellen oder Satteldruck?*

EINGEHENDE UNTERSUCHUNG

Das Tier sollte insgesamt einen kompakten, harmonischen Eindruck machen, die Größe des Kopfes sollte zum Körper passen. Wenn Sie das Pony untersuchen, klären Sie die unten aufgelisteten Punkte, damit Sie sichergehen, dass Gesundheitszustand und Anatomie in Ordnung sind. Am besten aber, wie gesagt, untersucht ein Tierarzt oder ein anderer Experte das Pony für Sie, um alle Hauptmängel auszuschließen.

Widerrist und Rücken

Prüfen Sie, ob es Schwellungen am Widerrist oder vom Sattel herrührende wunde Stellen oder Narben gibt. Der Rücken darf weder eingesunken (Senkrücken) noch gewölbt (Karpfenrücken) sein; er sollte so lang sein, dass Vorderbeine, Rücken und Hinterbeine ein Rechteck bilden. Der Widerrist sollte unauffällig sein und die Kruppe sollte der Linie des Rückens gleichmäßig folgen und dann sanft und ohne plötzlichen Knick zum Schweifansatz hin abfallen.

Fell

Prüfen Sie, ob Haut und Haar gesund und frei von Parasiten sind. Untersuchen Sie den ganzen Körper auf Warzen, Wunden, Beulen, Abschürfungen und andere Auffälligkeiten.

Schweif

Untersuchen Sie den Schweif auf Krankheiten und alte Verletzungen.

Hufe

Die Hufe, Sohle und Strahl eingeschlossen, sollten gut geformt und intakt sein. Prüfen Sie, ob Hufwand, Sohle und Strahl eines jeden Hufes sauber und gesund sind.

Brustkorb

Der Brustkorb sollte breit, tief und lang sein und den inneren Organen genug Raum geben. Die Rippen sollten klar definiert sein. Prüfen Sie, ob die Brustbewegungen gleichmäßig und mühelos erscheinen.

Hals
Er sollte nicht schief oder dürr sein.

Ohren
Prüfen Sie, ob die Ohren lebhaft, gut beweglich und frei von Ausfluss sind.

Augen
Sie sollten groß und gutmütig sein. Überprüfen Sie, ob sie unauffällig aussehen und gesund sind. Gibt es Ausfluss oder Eiter? Der Tierarzt wird die Augen genauer untersuchen können.

Nüstern
Sie sollten weit sein. Prüfen Sie ihre Größe und untersuchen Sie sie auf Ausfluss.

Maul
Stellen Sie anhand der Zähne das Alter fest (s. S. 40). Untersuchen Sie Ausrichtung und Zustand von Schneide- und Backenzähnen. Die Schneidezähne sollten exakt aufeinander passen. Können die Zähne effizient Heu zerkleinern? Das Zahnfleisch sollte eine normale Farbe haben und gesund sein.

Beine
Es sollten vier Beine sein! Jedes Vorderbein sollte so gerade sein, dass eine vertikale Linie von der Schulter durch die Mitte des Beins bis zum Huf gezogen werden kann. Eine ebensolche Linie sollten Sie auch von den Hinterbacken durch die Hinterbeine zum Huf ziehen können. Fesseln und Sprunggelenke dürfen nicht übermäßig schräg stehen. Es sollte keine Narben, Schwellungen, empfindliche Stellen, Beulen oder Knoten an den Gliedern geben, und die Füße sollten weder nach innen stehen (wie bei einem Pinguin) noch nach außen (wie bei einer Ente). In aller Kürze, die Beine sollten sauber, trocken und muskulös sein.

Der Brustkorb

Der Tierarzt wird mit einem Stethoskop Herz und Lunge abhören. Kein Husten sollte zu hören sein. Nehmen Sie sich in Acht vor Geschichten wie: „Oh, er hustet nur, weil ich vor fünf Minuten Staub aufgewirbelt habe, als ich einen Heuballen öffnete".

Sie können den Herzschlag mit Ihrer Hand fühlen oder ihn hören, indem Sie Ihren Kopf in Höhe des Ellbogens des Ponys an die linke Seite des Brustkorbs halten. Der Puls wird gewöhnlich unter dem Kinn gefühlt. Er beträgt bei Ponys im Ruhezustand ca. 45 Schläge pro Minute (bei neugeborenen Fohlen ca. 90 Schläge; die Frequenz nimmt im Laufe des ersten Lebensjahres ab). Gelegentlich aussetzende Schläge sind nicht selten bei gesunden Tieren, doch der Tierarzt wird nach der Ursache suchen. Die Atmung sollte im Ruhezustand ruhig und regelmäßig sein, mit zehn bis zwölf Atemzügen in der Minute. Das kann sich bei intensiver Anstrengung bis 80 oder sogar 100 Atemzügen in der Minute steigern.

Mist

Untersuchen Sie Beschaffenheit, Farbe, Geruch und Aussehen. Gibt es irgendeinen Hinweis auf unverdautes Futter? Es mag keine sichtbaren Würmer darin geben, aber dies kann und muss bestätigt werden, möglichst vor oder zumindest so früh wie möglich nach dem Kauf, indem ein Tierarzt mit einer mikroskopischen Untersuchung beauftragt wird. Das ist besonders wichtig bei Eseln, die oft von Lungenwürmern befallen sind. Wenn Esel Gefährten von Ponys werden sollen, sollten Sie ihren Mist zuerst auf Lungenwürmer hin untersuchen, sodass Sie – wenn nötig – eine Wurmkur anwenden können, um eine Übertragung der Würmer auf die Ponys zu vermeiden. Ponys geben von Zeit zu Zeit Winde von sich. Exzessive oder sehr häufige Blähgeräusche können ein Indiz für Verdauungsprobleme sein. Ignorieren Sie jedoch grollende Bauchgeräusche im Verdauungstrakt.

Urin

Prüfen Sie die Farbe. Bei normalem, gesundem Urin kann die Farbe und Beschaffenheit variieren. Oft enthält gänzlich gesunder Urin einen weißen oder cremigen Schleim. Schwarzer oder offensichtlich blutiger Urin ist dagegen sofort ein Fall für den Tierarzt.

Verhalten

Ist das Tier munter, forsch und an allem interessiert, was um es herum passiert? Es sollte nicht träge und teilnahmslos sein.

Bewegungen

Bewegt sich das Pony frei und leicht, ohne eine gespreizte oder unnatürliche Gangart? Der Tierarzt wird Sie bitten, es zu führen und es gehen, traben und vielleicht auch galoppieren zu lassen. Er wird sehen wollen, wie jemand aufsitzt und es in engen Zirkeln im Uhrzeigersinn und andersherum reitet. All diese Bewegungen können Lahmheit oder Fehler in Gangart, Balance oder Koordination aufzeigen. Wenn Sie das Pony führen, halten Sie den Strick nicht zu nah am Kopf, sondern geben Sie ihm viel Leine. Schauen Sie nach vorn, wenn Sie das Tier auf den Tierarzt zu-, von ihm weg- oder an ihm vorbeiführen. Wenn Sie es als Reittier kaufen, sehen Sie es sich gesattelt und angeschirrt an. Prüfen Sie den Sitz der Ausrüstung – gibt es irgendwelche Stellen, wo es drückt, kneift oder scheuert?

Benehmen

Beobachten Sie das Benehmen des Tieres in seiner vertrauten Umgebung. Wie frisst es? Gibt es Anzeichen für Unarten – schlechte Angewohnheiten, die schwierig abzugewöhnen sind und das Pony schwächen? Der Tierarzt sollte bei der körperlichen Untersuchung offensichtliche Anzeichen für Unarten herausfinden, doch andere sind schwieriger zu entdecken – dafür brauchen Sie Zeit und müssen das Tier in seinem Stall beobachten. Schlechte Angewohnheiten sind z.B. „Krippenbeißen“ (alles in erreichbarer Nähe wird gekaut, vor allem Holz), „Koppen“ (Luftschlucken) und „Weben“ (ständiges Schaukeln von einem Vorderfuß auf den anderen). Diese Untugenden treten meist nur bei gelangweilten Stalltieren auf, nicht wenn die Ponys auf der Weide sind.

ZUM SCHLUSS ...

Wenn Sie mit allem zufrieden sind und zum Kauf entschlossen, versuchen Sie, das Pony zunächst so lange wie möglich zur Probe zu bekommen. Es ist ratsam, sich eine Garantie über die vollständige Gesundheit des Tieres ausstellen zu lassen, die ein qualifizierter Tierarzt unterzeichnet. Stellen Sie sicher, dass Sie alle Impfbescheinigungen des Ponys erhalten. Wenn Sie es in sein neues Zuhause bringen, lassen Sie es sich mindestens einen Tag eingewöhnen, bevor Sie es reiten. Haben Sie andere Pferde, lassen Sie die Tiere nicht sofort zueinander – sie sollten sich einen oder zwei Tage lang kennen lernen, mit Sichtkontakt, durch eine zweiteilige Stalltür voneinander getrennt oder auf nebeneinander liegenden Weiden.

VERSICHERUNG

Eine Pferde-Lebensversicherung entschädigt den Pferdebesitzer finanziell bei Verlust des Tieres durch Tod oder Nottötung sowie bei Eintritt dauernder Unbrauchbarkeit für den Verwendungszweck. Auch diese Risiken sind mitversichert: Feuer, Blitzschlag, Diebstahl, Transporte zu Turnieren und Teilnahme an Turnieren.

Die wichtigste Versicherung für den Pferdebesitzer ist jedoch die Tier-Haftpflichtversicherung. Diese fängt durch das Tier entstehende Schäden finanziell auf, z. B. wenn das Tier ausbricht und einen Unfall provoziert – in einem solchen Fall können Sach- und Personenschäden in enormer Höhe entstehen.

UNTEN: *Diese zwei Freunde vergnügen sich in der Sommersonne. Es bringt Verantwortung mit sich, ein Pony zu besitzen, doch auch Freude.*

Altersbestimmung

Das Alter eines Ponys zu bestimmen kann manchmal leichter, manchmal schwieriger sein. Es ist keine exakte Wissenschaft, und in bestimmten Altersstufen sind Irrtümer leichter möglich als in anderen. Wie manche Gebrauchtwagenhändler können skrupellose Pferdehändler ein jüngeres Alter vortäuschen, indem sie z. B. Kunden (dunkle Löcher) in die Zähne der Tiere einbrennen oder zu lange Zähne abschleifen. Doch was bei weiblichen Filmstars toleriert wird, ist ganz klar eine strafbare Tat, wenn ein unschuldiger Käufer bei der Suche nach einem vierbeinigen Freund damit hinters Licht geführt wird.

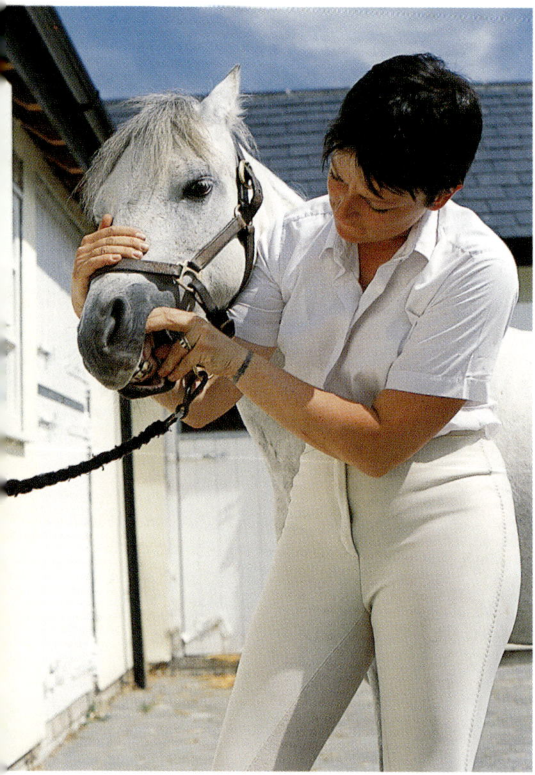

Ein Pony kann ruhig in die mittleren Jahre gekommen oder schon ins Greisenalter „hinübergetrabt" sein, doch Sie sollten es vor dem Kauf wissen. Dazu müssen Sie die Zähne des Ponys untersuchen – jede Information, die zur Altersbestimmung des Tieres benötigt wird, kann an der Beschaffenheit der Zähne abgelesen werden. Was also tun Pferdekenner, wenn sie dem Pferd ins Maul fassen, seine Zunge festhalten (nicht im mindesten schmerzhaft für das Pferd, obwohl es äußerst unwürdig aussieht) und ihm ins Maul starren, weise nickend? Sie suchen nach bestimmten Merkmalen der Zähne (Anzahl, Arten, Formen, Spuren), die allesamt Hinweise darauf geben, wie viele Geburtstage das Pferd hinter sich hat. Bis zu einem Alter von ca. acht Jahren lassen sich diese Merkmale genauer, bis zu einem Alter von 30 Jahren etwas ungenauer lesen. Die Technik ist bei Pferden, Ponys und Eseln anwendbar.

ZÄHNE

Ponys haben in der Regel 42 Zähne:

- 12 Schneidezähne,
- 4 Hakenzähne (meist nur bei männlichen Tieren),
- 24 Backenzähne (Molaren),
- 2 rudimentäre Molaren (Wolfszähne).

Sowohl die Milchzähne wie auch die bleibenden Zähne enthalten bei Pony und Esel Schneidezähne und Backenzähne, doch Haken- und Wolfszähne (wenn vorhanden) kommen nur im bleibenden Gebiss vor. Milchzähne sind eher dreieckig, schalenförmig und heller als die länglicheren, gelblicheren, schwerer gebauten bleibenden Zähne. Stuten bekommen selten

LINKS: *So werden die Zähne eines Ponys für die Altersbestimmung korrekt untersucht.*

Hakenzähne, Ponys und Esel bilden oft keine Wolfszähne aus.

Für die Altersbestimmung konzentrieren wir uns nur auf die Schneidezähne, deren Position in jedem Kiefer benannt wird: zentral, seitlich, Ecke.

Wie die Zähne sich verändern

- **Bei der Geburt** hat das Fohlen im Ober- und Unterkiefer je zwei zentrale Milch-Schneidezähne.
- **Im Alter von einem Monat** erscheinen die seitlichen Schneidezähne, doch die oberen und unteren treffen erst mit fünf Monaten aufeinander. In diesem Alter können die Eck-Schneidezähne erfühlt werden, die vor dem Durchbruch stehen.
- **Im Alter von einem Jahr** sind die Eck-Schneidezähne gut herausgekommen, berühren ihre Gegenspieler bis zum Alter von eineinhalb Jahren aber noch nicht.
- **Im Alter von zwei Jahren** sind alle sechs oberen Schneidezähne perfekt ausgerichtet und berühren die unteren sechs. Die zentralen Milch-Schneidezähne beginnen auszufallen.
- **Im Alter von zweieinhalb Jahren** drücken die bleibenden zentralen Schneidezähne ihre Vorgänger heraus, stoßen aber noch nicht aufeinander.
- **Im Alter von drei Jahren** stoßen sie aufeinander.
- **Im Alter von dreieinhalb Jahren** sind die bleibenden seitlichen Schneidezähne durchgebrochen, stoßen jedoch noch nicht aufeinander. Bei männlichen Tieren können jetzt Hakenzähne erscheinen.
- **Im Alter von vier Jahren** treffen die seitlichen Schneidezähne aufeinander.
- **Im Alter von viereinhalb Jahren** kommen die bleibenden Eck-Schneidezähne heraus.
- **Im Alter von fünf Jahren** sind alle bleibenden Schneidezähne durchgebrochen und schließen mit dem jeweiligen Gegenüber ab. Jetzt besitzen die Schneidezähne auch dunkle Löcher, die Kunden genannt werden.
- **Im Alter von sechs Jahren** zeigt sich an jedem Schneidezahn ein zarter Ring von Abnutzung rund um die Kunden. Die Kunden in den zentralen Schneidezähnen beginnen heller zu werden.
- **Im Alter von sieben Jahren** sind die zentralen und seitlichen Kunden kleiner, flacher und blasser als die auf den Eck-Schneidezähnen. Ein „Haken" erscheint an den oberen Eck-Schneidezähnen.
- **Im Alter von acht Jahren** sind die Kunden an allen Zähnen blass und flach. Der Haken ist fast oder ganz verschwunden.
- **Im Alter von neun Jahren** erscheint erstmals eine Furche an den oberen Eck-Schneidezähnen. Sie wandert stetig die Zähne hinab und ist halb unten im Alter von 15 Jahren, ganz unten mit 20 Jahren, halb verschwunden mit 25 Jahren (nur sichtbar in der unteren Hälfte des Zahns) und ganz verschwunden mit 30 Jahren. Länge und Position der Furche geben die besten Hinweise auf das Alter des Pferdes zwischen neun und 30 Jahren; Fachleute beachten außerdem die Veränderungen in den Zahnoberflächen (Kunden) und die Stellung der Zähne. Grundsätzlich verändern sich im Laufe der Jahre die Form der Zahnflächen (sie werden länglicher und ovaler) und die Stellung des Gebisses. Während z.B. die unteren Schneidezähne im Alter von zehn Jahren in einem Winkel von ca. 45 Grad ziemlich senkrecht stehen, neigen sie sich beim 30-jährigen Pferd in einem Winkel von 25 Grad nach vorn.

AUF SAFARI

Das Alter von Wildeseln und Zebras kann auf die gleiche Art und Weise bestimmt werden wie bei Ponys, doch Zebras machen die einzelnen Entwicklungsschritte ca. sechs Monate früher durch als ihre domestizierten Verwandten. Ich rate Ihnen allerdings sehr davon ab, Ihre Fähigkeiten zur Altersbestimmung beim nächsten Besuch eines heimischen Zoos oder bei einer Safari in Kenia an einem Zebra auszuprobieren.

Drittes Kapitel

Fütterung

Damit das Pony genügend „Kraftstoff“ fürs Reiten und andere Aktivitäten hat, muss die Fütterung mehr als die bloße Zufuhr von Kalorien beinhalten. Die richtige Nahrung gewährleistet einen guten Gesundheitszustand, eine optimale Kondition und ein anmutiges Erscheinungsbild sowie, bei jüngeren Ponys, ein beständiges Wachstum und eine gute Entwicklung.

Genau wie andere Kraftstoffkosten heutzutage steigen auch die Preise für Pferdefutter ständig – doch an der Fütterung unserer vierbeinigen Freunde darf nicht gespart werden. Das Futter sollte aus verschiedenen Nahrungsmitteln zusammengesetzt und von allerbester Qualität sein.

Natürliche Ponynahrung

Die Vorfahren der Ponys waren unglaublich zähe Tiere. Auch die wilden Verwandten der Ponys schaffen es, in einigen der unwirtlichsten Gegenden der Welt zu überleben, wo das Futter karg und minderwertig ist. Das Przewalski-Pferd – das mit einer Größe von weniger als 1,45 m eigentlich als Pony klassifiziert werden sollte – stammt aus den hoch gelegenen mongolischen und dschungarischen Steppen, einem felsigen und trockenem Gebiet an der Grenze zur Wüste Gobi, wo es im Sommer trocken und heiß und im Winter bitterkalt ist. Die Pferde wandern auf der Suche nach Rispengras und Sträuchern umher. Diese Pflanzen sehen zwar trocken aus, haben aber eine saftige Rinde, die von den Tieren abgeschält wird. Die Pferde können drei, vier Tage ohne Wasser auskommen; im Sommer graben sie auf der Suche nach etwas salzigem Wasser – das ihnen offenbar bekommt – mit ihren Hufen Löcher in den Boden.

Kiangs bekommen nur zwei Monate im Jahr gutes Futter, im August und September. Sie haben gelernt, mit dem harten Sumpfgras zurechtzukommen, das viel raue Kieselsäure enthält und die empfindlicheren Mäuler ihrer domestizierten Verwandten zerschneiden würde. Im Januar und Februar decken sie ihren Wasserbedarf, indem sie Schnee fressen. Onager wühlen im Wüstenboden auf der Suche nach allen Gräsern und Pflanzen, die in der sengenden und öden Wildnis wachsen können. Sie überleben, indem sie über 100 verschiedene genießbare Pflanzen abweiden, die in den kühlen Nächten Feuchtigkeit gespeichert haben, und indem sie große Mengen der salzigen Erde fressen. Afrikanische Wildesel, Bewohner von Regionen, wo es bis zu 50 Grad Celsiuus heiß wird, müssen viel grasen, um ihre Bäuche mit den mageren Erträgen des felsigen, ausgedörrten Landes zu füllen. Sie beginnen bei Tagesanbruch mit der Futtersuche, ruhen sich dann in der Mittagshitze aus, um von ca. 17 Uhr bis zum Sonnenuntergang wieder nach Futter zu suchen.

Glücklicherweise müssen unsere domestizierten Ponys heute nicht solch ein Leben führen. Sie bekommen gutes und gesundes Futter und sollten von Hunger, Durst und harten Zeiten nichts wissen.

RECHTS: *Ponys gehen ihrer natürlichen Beschäftigung nach. Diese Weide - offensichtlich in hervorragendem Zustand - bietet genügend Futter.*

Das ideale Futter

Menge und Zusammensetzung des Futters hängen von folgenden Faktoren ab:

- Weidegang oder reine Stallhaltung,
- Größe und Körpergewicht,
- Arbeitsleistung.

Jede Futterration muss überprüft und ggf. angepasst werden: Wie entwickelt sich das Pferd mit der Futtermenge, die es bekommt? Einige Tiere brauchen mehr Kraftfutter, um munter und in prächtiger Verfassung zu bleiben; andere brauchen etwas weniger, damit sie nicht zu feurig und aggressiv werden.

Unter idealen natürlichen Bedingungen bekommt ein Pony alle benötigten Nährstoffe aus der Vielzahl von Pflanzen, die auf seinen Weidegründen wachsen. Weidegras ist nicht mit dem grünen „Stoppelzeug" im Vorgarten gleichzusetzen; es ist vielmehr eine bemerkenswert vielfältige Vegetation, die aus Kräutern, Samen, Blumen, Schößlingen, Stängeln, Blättern und ein wenig Erde besteht – alles zusammen enthält die benötigten Kohlenhydrate, Proteine, Fette, Mineralien und Vitamine. Doch grasen die meisten unserer Ponys nicht auf idealen Weiden, zumindest nicht das ganze Jahr über. Viele werden in Paddocks (umzäunte Ausläufe) gehalten, wo es nur wenig oder minderwertiges Pflanzenwachstum gibt. Andere Tiere sind das ganze Jahr im Stall untergebracht.

Achtung: Informationen zu giftigen Pflanzen finden Sie auf S. 59.

UNTEN: *Dieses Pony ist in Top-Verfassung. Gesundheit und Verfassung basieren auf korrekter Fütterung.*

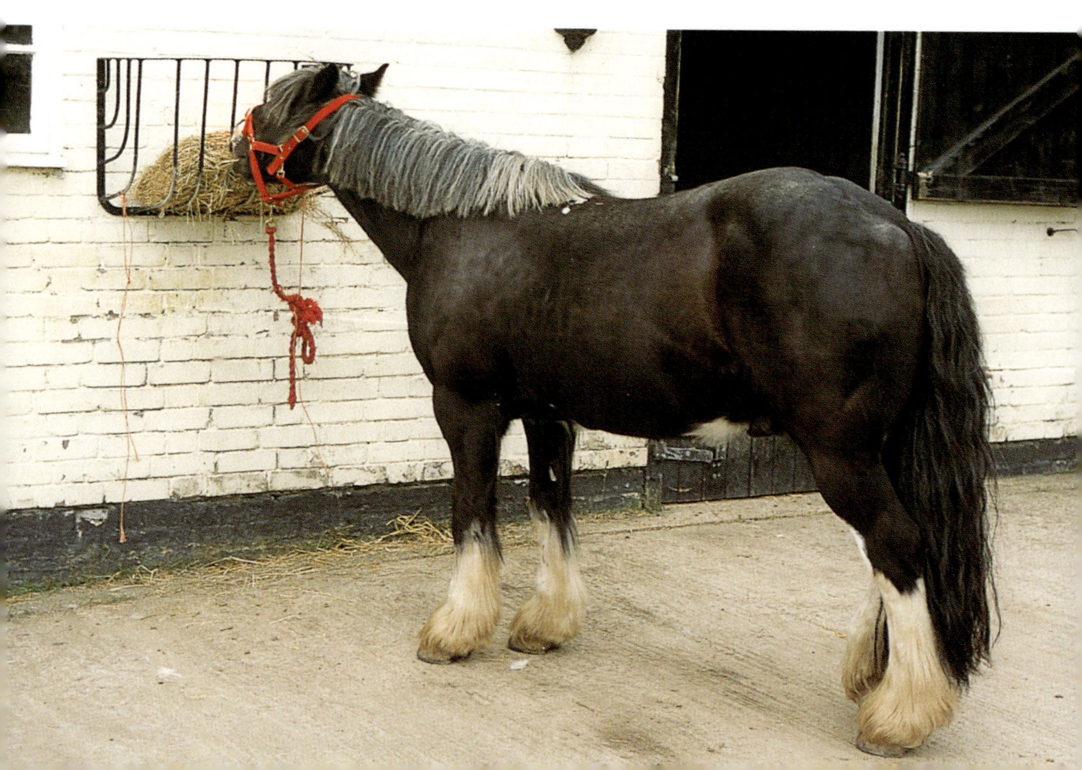

RAUFUTTER

Heu: Es gibt eine Vielfalt von Heu; es ist wichtig, qualitativ gutes, nahrhaftes Heu zu kaufen und zu verfüttern. Heu, das nach dem Schnitt nicht korrekt getrocknet wurde, kann zu Lungen- und Nierenproblemen oder auch zu Magenverstimmungen führen. Gutes Heu duftet wie eine frisch gemähte Weide. Es enthält blasse, pastellgrüne Blätter und Blumenköpfe, die noch an den Stängeln hängen. Meiden Sie krümeliges Heu, das miefig riecht; Heuballen mit feuchten und vergammelten Stellen; sehr staubiges Heu; Ballen, die an einzelnen Stellen von weißlicher Fäule befallen sind; dunkelbraunes Heu, das wie Tabak riecht.

Häcksel: Gehäckseltes Stroh oder Heu ist ein exzellentes, ballaststoffreiches Futter, das ausgewogener als Kleie ist und ihr daher vorgezogen werden sollte.

Kleie: Das traditionelle Pferdefutter wird von unseren vierbeinigen Freunden nicht sehr geliebt. Zudem hat Kleie heute nur noch wenig Futterwert, da mit den modernen Mahlmethoden das Mehl entfernt wird. Ihr Mineralgehalt ist nicht ausgewogen, sie enthält meist zu viel Phosphor und nicht genügend Kalzium. Übermäßiges Füttern mit Kleie kann zu Knochenerkrankungen führen. Da Kleie Ballaststoffe enthält, kann sie allerdings, als Mash verfüttert, mild abführend wirken (s. Kasten).

Pflanzenwurzeln: Karotten, Rüben und Zuckerrüben enthalten Faserstoffe, Zucker und Vitamine. Sie müssen jedoch sauber sein und dürfen keine verfaulten Stellen aufweisen. Schneiden Sie sie vor dem Verfüttern klein. Zuckerrübenschnitzel dürfen niemals trocken verfüttert werden; sie quellen im Innern des Tieres auf und können so zu Koliken, Schlundverstopfung und sogar zum Tod führen. Die Schnitzel müssen vor dem Füttern für mindestens sechs Stunden in Wasser eingeweicht werden.

MASH AUS WEIZENKLEIE

1 kg Weizenkleie
15 g Salz
900 ml kochendes Wasser

Alles gut vermischen, mit einem Teller abdecken oder ein dickes Tuch auf den Mash drücken. 30 Minuten abkühlen lassen, vor dem Füttern trotzdem die Temperatur prüfen. Da Ihr Pony über ein Weizenkleie-Mash nicht sehr begeistert sein wird, sollten Sie die Mahlzeit versüßen: Rühren Sie einige Löffel Zuckerrübensirup unter oder streuen Sie Haferkörner darüber. Ein Weizenkleie-Mash wird schnell sauer, also sollten Sie ihn immer frisch verfüttern.

KRAFTFUTTER

Besonders nahrhaftes und Energie spendendes Futter wird gebraucht, wenn das Pony arbeitet, nicht genügend gutes Weidefutter vorhanden ist, z. B. im Winter, oder ein Weidegang nicht möglich ist.

Hafer: Das bekannteste Kraftfutter für Pferde ist natürlich Hafer. Der hohe Nährwert dieses Getreides ist allgemein bekannt, und seine Fähigkeit, munter zu machen, spiegelt sich in Aussprüchen wie „vom Hafer gestochen sein". Ganze Haferkörner sollten wohlriechend, trocken, hell und staubfrei sein. Verfaulte Körner riechen nicht gut, sind staubig oder leicht feucht; sie können verschiedene Krankheiten, von Koliken bis zu Nierenstörungen, verursachen.

Walzhafer besteht aus dem vollen Korn, dessen äußere Hülle maschinell zerdrückt wurde. So kommen die Verdauungssäfte leichter an das nahrhafte, kohlenhydratreiche Innere, wenn die Körner nicht genügend gekaut wurden. Ein gesun-

des Pony wird jedoch ganze Haferkörner zufriedenstellend kauen können, zudem ist es schwierig, minderwertige Körner aus dem Walzhafer auszusortieren. Ich persönlich ziehe Walzhafer vor, würde Ihnen aber raten, wenn möglich zunächst die Qualität der ganzen Körner zu überprüfen und den Hafer erst danach zerdrücken zu lassen. Walzhafer eignet sich besonders für ältere oder kranke Tiere und für Pferde mit Zahnproblemen.

Pony-Würfel und Pferde-Pellets: Dies sind in Pellet-Form gepresste Mischungen aus getrockneten Gräsern, Heu und Getreide, angereichert mit Mineralien und Vitaminen. Sie werden im Hinblick auf verschiedene Anforderungen hergestellt und können auch als Alleinfutter verwendet werden. Sie sind einfach, ausgewogen, staubfrei und lassen sich leicht lagern. Ihre Nachteile sind jedoch der hohe Preis und der geringe Raufutteranteil. Tiere, die ausschließlich mit Pellets gefüttert werden, sind schnell mit dem Fressen fertig und langweilen sich; darüber hinaus ist ihr Bedarf an Ballaststoffen nicht vollständig gedeckt, was oft dadurch zum Ausdruck kommt, dass sie die Boxeinstreu fressen oder gar Ihre Box langsam zerstören, indem sie auf allem Holz herumbeißen. Schrot-Mixturen sind komprimierte, flockig gemachte Futtermittel. Weitere Energie spendende Nahrungsmittel sind Erbsen, Bohnen und Maisflocken. Getreide wie Gerste und Weizen sollten vermieden werden, da sie zu Koliken führen können.

BALLASTSTOFFE

Kraftfutter muss immer mit Raufutter kombiniert werden, so ist sichergestellt, dass alles gut verdaut wird. Die Verdauungsorgane von Pferden sind so beschaffen, dass sie die harten Zellulosewände der Pflanzen aufspalten können, die die nahrhaften Teile im Innern umschließen. Bei Rindern, Schafen, Giraffen und anderen Wiederkäuern sind die Verdauungsbakterien auf vier Mägen verteilt, bei Pferden bewohnen sie ein verhältnismäßig langes Darmsystem. Um gut zu funktionieren, brauchen diese hohlen Organe viele Ballaststoffe, die eine zweifache Funktion erfüllen: An ihnen siedeln sich die Bakterien bei ihrer Arbeit an, und sie stimulieren die Darmwände zu sanften Kontraktionen.

SPEZIALFUTTER

Grasschnitt: Obwohl schon geschnittenes oder gemähtes Gras für Ponys ebenso gut ist wie selbst abgeweidetes, darf es nur ganz frisch und in kleinen Portionen verfüttert werden. Geschnittenes Gras beginnt schnell zu gären und sich zu erhitzen, besonders wenn es sehr saftig ist. Zu einem Haufen geschichtet, verfault das erhitzte Gras bald und bildet chemische Stoffe, die gefährlich für Ihr Tier sein können. Mit dem Rasenmäher abgemähtes Gras, das sehr fein ist und zum Verklumpen neigt, verfault noch schneller als mit einer Sense geschnittenes, längeres Gras. Wenn Sie Rasenschnitt füttern, dann sehr selten, nur wenig und nur dann, wenn er wirklich ganz frisch ist. Bei Zweifeln lassen Sie es lieber, insbesondere wenn Reste von Chemikalien, Dünger oder Unkrautvernichter, in das Gras übergegangen sein könnten. Luzerne (Alfalfa) ist ein hervorragendes, nahrhaftes Futter, sollte aber nur maßvoll gegeben werden.

Leinsaat: Diese Energienahrung wird traditionell gegeben, wenn das Fell glatt und glänzend werden soll. Doch weder darf Leinsaat roh verfüttert werden – das könnte zu einer grausamen Kolik führen – noch sollte sie für ein Mash in

kaltem oder lauwarmem Wasser eingeweicht werden: Dabei würde die Leinsaat hochgiftige Blausäure freigeben. Lassen Sie die Leinsaat drei bis vier Stunden zu einem festen Brei köcheln und dann abkühlen. Dieser Mash ist eine hervorragende Bereicherung des winterlichen Speiseplans.

Krankenkost: Schleimsuppen aus Hafer- oder Gerstenmehl werden manchmal geschwächten oder rekonvaleszenten Tieren gegeben. Dazu lassen Sie 450 g Mehl in 4 l Wasser 20 bis 30 Minuten köcheln. Nach dem Abkühlen wird der Schleim verfüttert, normalerweise wird noch kaltes Wasser hinzugefügt. Viele Menschen wissen nicht, dass sowohl Eier wie auch Milch sich als Kost für kranke Ponys eignen. Bis zu 3 l Milch können pro Tag gegeben werden. Zunächst wird der Patient die Milch wohlschmeckender finden, wenn sie verdünnt und stark gesalzen wird. Eier (zwei bis sechs) werden roh verfüttert, entweder in Milch verschlagen oder mit einem Mash vermengt.

OBEN: *Dieses Paar freut sich offensichtlich auf eine Abwechslung zum Weidefutter.*

Mineralien und Vitamine: Obwohl Ihr Tier aus den Weidepflanzen und/oder den anderen Inhaltsstoffen seines ausgewogenen Futters genügend Mineralien und Vitamine bekommen müsste, sollten Sie diese zusätzlich verabreichen, vor allem im Winter. Fügen Sie dem Futter die auf der Packung angegebene Menge eines (mit Proteinen vesetzten) Vitamin- und Mineralstoffpräparates für Pferde bei. Sie können diese Präparate im Tierfachhandel, im Futterhandel oder in Reitsportgeschäften kaufen. Es gibt sie

RECHTS: *Jede Weide sollte mit einem Salzleckstein versehen sein.*

als Säfte, Puder oder große Blöcke. Salzlecksteine sind eine praktische Sache im Stall, und Glukoseblöcke können im Winter als „Lutscher" herhalten.

FUTTERMENGE

Die richtige Futtermenge hängt von dem Gewicht und der Größe des Tieres ab, von seiner Arbeitsleistung, der Jahreszeit sowie der Möglichkeit für das Tier, zusätzlich zu grasen. Genau wie Menschen legen manche Ponys schnell Gewicht zu, während andere fortwährend Nahrung zu sich nehmen und trotzdem knochig bleiben. Ponys, die auf der Weide gehalten werden und leicht arbeiten, brauchen nur wenig Kraftfutter; das Raufutter besorgen sie sich auf der Weide. Im Frühling, wenn das Gras sehr proteinreich ist, kann der Proteingehalt des Kraftfutters reduziert werden.

Werden die Ponys jedoch im Stall gehalten, brauchen sie sowohl Raufutter wie auch eine größere Menge Kraftfutter. Einige Ponys werden leicht übermütig, aggressiv und widerspenstig, wenn sie zu viel Kraftfutter erhalten: „Superbenzin" lässt ihre Motoren durchdrehen. Andere, die träumerischen, langsameren Typen, können dagegen von einer höheren Kraftfuttergabe profitieren.

Manchmal geht eine Reduzierung der Hafermenge mit einer Gewichtsabnahme einher. In diesem Fall sollten Sie anstelle des Hafers ein Mash aus Leinsaat oder Maisflocken geben. Ponys, die nicht zu temperamentvoll sind, aber leicht zunehmen, sollten eine geringere Heuration bekommen.

Wichtig ist, die Zusammensetzung und Menge des Futters an die speziellen Bedürfnisse Ihres Tieres anzupassen. Sie werden schnell ein Gefühl dafür entwickeln. Es schadet dem Tier nicht, wenn Sie mit seinem Futter ein wenig experimentieren und beobachten, bei welcher Nahrung es ihm am

WASSER

Domestizierte Ponys müssen mit genügend frischem, klarem Wasser versorgt werden. Sie trinken zwischen 9,5 und 19 l am Tag. Können die Tiere nicht nach Bedarf trinken, geben Sie das Wasser in Eimern vor dem Füttern, nicht danach. Ein nass geschwitzes Pony, das soeben von anstrengender Arbeit heimgekehrt ist, sollte nicht sofort getränkt werden. Zuerst muss es sich etwas ausruhen und abkühlen, der Schweiß sollte verdunsten.

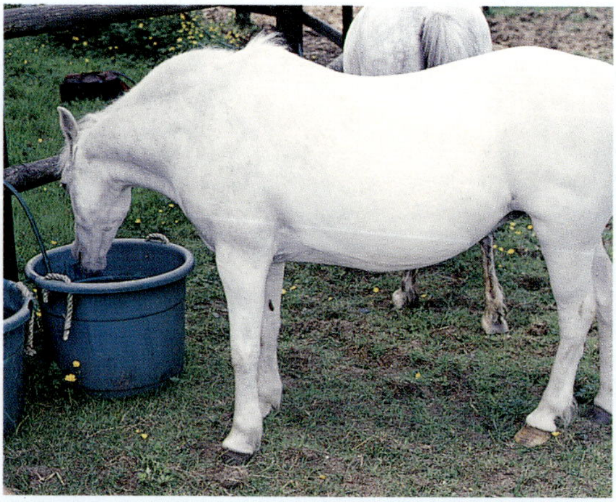

FÜTTERUNGSBEISPIELE

Größe des Ponys	Tagesablauf	Sommerfutter	Winterfutter
1,45 m	Tagsüber Weidegang, nachts im Stall; wird jeden Tag geritten, plus Unterricht, Turniere etc.	Tagsüber Gras; 3 kg Heu, 3-4 kg Pony-Pellets und 1 Hand voll Möhren.	5-7 kg Heu, 4-5 kg Pony-Pellets und einige Möhren.
1,42 m	Ganzjährig tagsüber Weidegang, im Winter nachts im Stall; wird im Sommer jeden Tag geritten, im Winter zweimal pro Woche.	Tagsüber Gras; wenn nötig 2 kg Pony-Pellets.	5-7 kg Heu, 2,5-3,5 kg Pony-Pellets und 1 Hand voll Möhren.
1,32 m	Ganzjährig auf der Weide; wird im Sommer jeden Tag geritten, im Winter nur an den Wochenenden.	Nur Gras.	6 kg Heu, 1-1,5 kg Pony-Pellets und 1 Hand voll Möhren.

besten geht. Oben finden Sie eine Fütterungstabelle für Ponys unterschiedlicher Größen unter Berücksichtigung von Haltung, Arbeitsleistung und Jahreszeit, an der Sie sich während der ersten Zeit mit Ihrem neuen Pony orientieren können.

Entscheiden Sie sich dafür, ein Komplettfutter aus Pellets zu verabreichen, die viel Fasern enthalten und nicht mit Heu ergänzt werden müssen, richten Sie sich bei den täglichen Futtermengen nach den Empfehlungen des Herstellers auf der Packung.

BESONDERE UMSTÄNDE

Wenn ein Pony den Winter über im Freien gehalten wird, empfiehlt es sich, ihm zusätzlich zum normalen Futter bei unwirtlichem Wetter ab und zu einen warmen Mash aus Leinsaat zu geben. Ponys, die ganzjährig draußen gehalten werden, sollten am besten stets Heu zur Verfügung haben.

Bevor Ihr Pony besonders stark beansprucht wird (in der Sommersaison z.B. mit Turnieren, Ferien etc.), sollten Sie die Kraftfuttermenge entsprechend steigern. Wenn das Pony krank oder lahm ist und nicht geritten wird, reduzieren Sie das Kraftfutter, geben ein wenig zusätzliches Heu und füttern Weizenkleie-Mash, um die Därme fit zu halten.

Ändern Sie die Fütterung immer nur in kleinen Schritten. Zuletzt die goldene Regel: Füttern Sie wenig und oft. Vier Fütterungen täglich sind besser als zwei, zwei sind besser als eine.

GESUNDHEITSFUTTER

Eine gute Fütterung trägt viel zu einem gesunden Fell bei. Ein gelegentlicher Mash aus Leinsaat gibt dem Fell einen schönen Glanz. Tieren mit trockener Haut wird eine Kur mit mehrfach ungesättigten Fettsäuren in Pulverform gut tun. Sie erhalten ein solches Präparat beim Tierarzt, im Tierfachhandel oder in Reitsportgeschäften.

Viertes Kapitel

Unterbringung und Pflege

Die Unterbringung eines Ponys hängt von verschiedenen Faktoren ab: vom Ponytyp, von der Quantität und Qualität des Weidefutters, von den Wetterverhältnissen und davon, welche Art von Wetterschutz dem Pony auf der Weide zur Verfügung steht. Dies alles muss bedacht werden. Sie können ihr Pony im Stall oder im Freien halten oder diese beiden Haltungsformen mischen. Entscheiden Sie, welche Unterbringungsform am günstigsten für Sie und – was noch wichtiger ist – für Ihr Pony ist.

Auf der Weide

Steht Ihnen für Ihr Tier ein Stück Land zur Verfügung, können Sie es erst ab einer Größe von 0,9 ha als ständiges Weideland nutzen – und natürlich muss es wirklich gutes, grünes Weideland sein, nicht etwa eine steinige Wüste oder ein umgewandeltes Abbruchgrundstück! Es gilt die Faustregel, mindestens 1 ha Weideland pro Pony zu rechnen. Bedenken Sie aber, dass das Land jedes Jahr eine „Ruhezeit“ von ein bis zwei Monaten braucht und gepflegt werden muss: Unkräuter wie Nessel, Ampfer und das gefährliche Jakobskraut, das zu Lebererkrankungen führen kann, müssen eliminiert werden, außerdem muss die Wiese, je nach Bodenbeschaffenheit, mit Kalk oder anderen Substanzen gedüngt werden. Nach dem Einsatz von Unkrautvernichtern oder Düngern darf das Tier für eine bestimmte Zeit nicht auf die Weide, im Fall einiger Chemikalien sogar bis zu drei Wochen lang nicht (lesen Sie sorgfältig die Anweisungen auf der Packung).

Es empfiehlt sich, mehr als eine Tierart auf der Weide zu halten – z.B. Ponys mit Schafen und Rindern. Die verschiedenen Tiere reduzieren jeweils die Parasiten der anderen, und die eine Art frisst Pflanzen, die von der anderen ignoriert werden. Natürlich brauchen mehr Tiere, egal welcher Art, auch mehr Land.

Ist die Weide groß genug, versuchen Sie es mit einer Art Rotationsprinzip: Unterteilen Sie die Weide mithilfe von Elektrozäunen in kleinere Einheiten, sodass jeder Abschnitt nach der Beweidung in Ruhe nachwachsen kann. Wenn Sie nur wenig Land haben, sollten Sie mit Schaufel und Eimer täglich die Pferdeäpfel aufsammeln, um das Gras sauber zu halten und die Wurmplage einzudämmen. Denken Sie daran, dass einige Ponys, wenn sie zu große Mengen des ersten grünen Grases im Frühling fressen, zu Lahmheit neigen.

UNTEN: *Dieses zufriedene Paar hat auf seiner Weide offensichtlich reichlich Gras zur Verfügung.*

ZÄUNE UND GATTER

Einzäunungen sind teuer – Sie werden sich vielleicht mit dem arrangieren, was Sie auf der Weide vorfinden. Überprüfen Sie die Zäune regelmäßig und halten Sie sie in gutem Zustand. Vermeiden Sie unter allen Umständen Stacheldraht!

OBEN: *Junge Bäume sollten mit einer Umzäunung vor Ponys geschützt werden.*

OBEN: *Bringen Sie deutliche Markierungen an, wenn Sie die Weide mit Elektrozäunen unterteilen.*

CHECKLISTE WEIDE

- **Ist genug Platz vorhanden?**
- **Ist das Gras von guter Qualität? Meiden Sie sumpfige, sehr unkrautbewachsene oder zu saftige Weiden. Überprüfen Sie, ob es giftige Pflanzen gibt (s. S. 59).**
- **Gibt es eine ständige Versorgung mit frischem, sauberem Wasser? Moderige, schleimig grüne (algenbewachsene) Teiche sollten Sie meiden oder abgrenzen. Wenn es kein fließendes Wasser gibt, müssen Sie mindestens einmal am Tag frisches Wasser in Eimern oder Plastikfässern auf die Weide bringen. Rechnen Sie täglich 40 l pro Pony. Tröge sollten regelmäßig gereinigt werden und keine scharfen Kanten aufweisen.**
- **Ist die Umzäunung stabil und in gutem Zustand?**
- **Hecken oder Holzzäune sind Stacheldrahtzäunen immer vorzuziehen. Überprüfen Sie die Einzäunung regelmäßig.**
- **Ist das Gatter stabil, breit genug und fest aufgehängt? Kann es sicher verschlossen werden?**
- **Gibt es einen Schutz vor Regen, Stürmen und Sonne? Unter Umständen reichen Bäume, Hecken, Mauern etc. aus, doch am besten sollte ein gut überdachter Unterstand auf einem trockenem Landstück vorhanden sein, dessen Eingang an der windgeschützten Seite liegt. Innen sollte der Unterstand reichlich mit Stroh ausgestreut sein.**
- **Hat das Pony Gesellschaft? Gibt es andere Pferde oder zumindest Schafe, Rinder, Ziegen?**
- **Gibt es irgendwelche Gefahren, wie Müll, Glasscherben, Teile von Draht etc.?**

LINKS: *Ein stabiler, dreilattiger Holzzaun mit Pfosten an der Außenseite ist teuer, aber ideal. Der Zaun muss regelmäßig inspiziert werden, kaputte Teile müssen schnell repariert und das Holz mit Holzschutzlasur behandelt werden.*

RECHTS: *Ein Maschendrahtzaun ist billig und einfach anzubringen, aber gefährlich für Ponys, weil sie ihn leicht heruntertreten und mit den Beinen darin hängenbleiben können. Wenn Sie ihn zeitlich begrenzt einsetzen müssen, z. B. um grasende Tiere von neu eingesäten Bereichen fernzuhalten, sollten Sie als Barriere einen ausreichend markiertem Elektrozaun zwischen dem Maschendrahtzaun und den Ponys errichten.*

OBEN: *Empfehlenswert ist ein stabiles hölzernes, nach innen zu öffnendes Gatter mit starken Scharnieren. Schwere metallene Gatter rosten leicht, sind – während man die Tiere führt – schwer zu öffnen, und in ihrem Gitter kann ein Pony mit dem Huf hängen bleiben. Beachten Sie den weißen Elektrozaun am oberen Rand des Holzzauns, der die jungen Bäume auf der anderen Seite schützen soll.*

RECHTS: *Ein metallener, gefederter Gatterverschluss, der mit nur einer Hand bedient werden kann, ist ideal.*

OBEN: *Das Gatter einer abgelegenen Weide sollte zur Sicherheit Ihrer Tiere mit einem Schloss versehen werden. Auch wird damit verhindert, dass jemand versehentlich das Gatter offen lässt.*

UNTERSTÄNDE

Wenn Sie über genügend Land verfügen, um Ihr Tier im Freien zu halten, braucht es Schutz vor den Naturelementen, vor allem im Winter. Ein offener Unterstand oder Stall sollte vorhanden sein, dessen Vorderseite zum Teil geschlossen

OBEN: *Wählen Sie einen guten Platz für den Unterstand. Der Boden sollte trocken sein, der Eingang an der windgeschützten Seite liegen.*

UNTEN: *Unterstände werden am besten aus wetterfest mit Kreosot behandeltem Holz, aus Ziegeln oder Schlackensteinen gebaut. Wellblech ist gut für das Dach, sollte aber nicht für die Wände verwendet werden. Es isoliert nicht genug, löst sich leicht oder rollt sich an den Enden auf. Das kann zu lästigen Geräuschen oder, schlimmer noch, zu Verletzungen führen.*

WASSERVERSORGUNG

Mülleimer aus Plastik sind gute Wasserbehälter für Ponys. Sie werden nicht so leicht umgetreten wie Eimer und schneiden den Tieren nicht in die Knie wie alte Badewannen.

WENN IHR PONY FRIERT

Wenn ein Pony friert, zittert es vielleicht – vielleicht auch nicht – und es lässt sich nur widerstrebend von seinem Unterstand wegziehen.

Legen Sie ihre Handflächen auf Brustkorb und Flanken des Ponys: Ist die Haut gleichmäßig kalt, massieren Sie es am besten gleich durch kräftiges Striegeln warm oder – wenn das Tier nass ist – rubbeln Sie es mit einem Strohbüschel trocken. Bringen Sie es in den Stall oder Unterstand und/oder schnallen Sie ihm eine Decke um.

Ein empfindliches Pony kann Atemprobleme bekommen, wenn es großer Kälte ausgesetzt wird, vor allem wenn es dabei auch noch nass wird.

OBEN: *Viele hiesige Ponys brauchen im Winter zwar keine Decke, empfindlichere Typen und ältere Ponys wissen jedoch bei kaltem Wetter den Komfort einer wasserfesten Decke zu schätzen.*

ist. Er sollte für ein Tier ca. 11 m^2 groß sein, für jedes weitere Tier jeweils 5 m^2 größer. Es muss nichts Ausgefallenes sein, Hauptsache, die Wände sind in Ordnung und das Dach ist dicht. Der Unterstand braucht keinen festen Boden, doch die Erde sollte trocken sein und im Winter mit Stroh bedeckt werden. Die einzigen Gegenstände, die darin benötigt werden, sind eine Wassertränke und evtl. ein Heunetz.

Das verschmutzte Stroh muss nicht entfernt werden. Streuen Sie nur regelmäßig frisches Stroh darauf, sodass langsam eine komfortable, wärmende Matratze entsteht.

Ein Unterstand braucht auch keine Tür. Ponys mögen es, wenn der Eingang stets offen ist – so können sie sehen, was draußen vor sich geht.

GIFTIGE PFLANZEN

Bevor Sie ein Pony auf die Weide bringen (oder wenn Sie das Feld kennen, von dem Ihr Winterheu gemacht wird), sollten Sie überprüfen, ob dort irgendwelche giftigen Pflanzen wachsen. Vergessen Sie nicht, auch nach giftigen Sträuchern oder Bäumen Ausschau zu halten, deren Zweige von angrenzenden Grundstücken auf Ihre Weide herüberhängen. Einige gefährliche Pflanzen werden von Ponys nur gefressen, wenn es kaum anderes Futter gibt oder wenn dieses vertrocknet ist. Einige Pflanzen machen erst nach regelmäßigem Verzehr über Wochen hinweg krank, bei anderen ist schon ein Maul voll tödlich. Hier sind einige der wichtigsten giftigen Pflanzen.

Buchsbaum

Schon 750 g der Blätter dieser Pflanze führen bei einem Pferd den Tod herbei.

Eibe

Der immergrüne Strauch oder Baum weist zweizeilig stehende Nadeln auf. Der Verzehr von 150 g seiner Nadeln führt innerhalb von Minuten zum Tod.

Farnkraut

Ponys fressen diese Pflanze normalerweise nur spät im Herbst, oder wenn anderes Futter rar ist. Sie enthält einen Stoff, der das Vitamin B1 zerstört; gewöhnlich erscheinen die Symptome erst nach monatelangem Verzehr.

Tannenwedel

Die Wirkung dieser Pflanze ähnelt der des Farns. Sie wird gewöhnlich im Heu gefressen.

Jakobskraut

Der Verzehr dieser Pflanze über Wochen oder Monate führt zu Leberschäden. Normalerweise wird sie im Heu gefressen, oder wenn anderes Futter knapp ist.

Schierling

Dieses Doldengewächs ist häufig an Wegrändern zu finden. Die Symptome einer Vergiftung des zentralen Nervensystems erscheinen innerhalb von zwei Stunden nach dem Verzehr.

Rhododendron und Fingerhut

Während der Rhododendron ein typisches Parkgewächs ist, wächst der Fingerhut mit seinen charakteristischen violetten Blüten vor allem auf Waldlichtungen. Beide Pflanzen enthalten Chemikalien, die das Herz angreifen und zum plötzlichen Tod führen können.

Merke: Es gibt noch zahlreiche andere giftige Pflanzen, dazu zählen z. B. Maiglöckchen, Hyazinthe, Goldregen, Sadebaum, Akazie, Tollkirsche, Herbstzeitlose, Bilsenkraut, Frühlings-Adonis-Röschen und Schöllkraut. Achten Sie bei Reitpausen darauf, was Ihr Pony frisst – durch die Stallhaltung ist der Instinkt des Tieres für das, was bekömmlich ist, oftmals nicht mehr ganz zuverlässig. Sind Sie nicht sicher, ob eine Pflanze gefährlich ist, bringen Sie eine Probe zu Ihrem Tierarzt.

FRÜHLINGSGRAS

Viele Ponys werden leicht lahm, wenn sie zu viel vom ersten, sehr eiweißhaltigen Frühlingsgras fressen. Ponys, die dazu neigen, schnell dick zu werden, sollten während dieser Zeit im Stall gehalten und zunächst nur wenige Stunden täglich auf die Weide gebracht werden.

Stallhaltung

Halten Sie Ihr Pony im Stall, haben Sie die Wahl zwischen Ständern und Boxen. Letztere sind vorzuziehen, weil sie den Pferden mehr Raum und Bewegungsfreiheit bieten. Boxen sollten die gleiche Fläche aufweisen wie die bereits erwähnten Unterstände auf Weiden (s. S. 57–58) und trocken sowie gut isoliert sein. Der Boden sollte nicht aus Holz, nicht rutschig, jedoch leicht abfallend sein, damit Flüssigkeit gut ablaufen kann. Die Box sollte gut belüftet und mit innen vergitterten Fenstern versehen sein sowie mit elektrischem Licht. Die nach außen zu öffnende zweiflügelige Tür sollte mindestens 1,2 m breit sein. An den Innenwänden sollte es keine scharfen Vorsprünge, Riegel und elektrischen Schalter geben. Benutzen Sie keinesfalls bleihaltige Farben für Innenanstriche.

UNTEN: *Diese Tür hat die richtige Größe für das Pony, das einen Großteil der Zeit damit verbringt, herauszuschauen.*

INSTANDHALTUNG

In der Nähe der Box sollte es einen getrennten Raum geben, in dem Geräte zum Ausmisten, Futter, Einstreu, Sattel und Zaumzeug ordentlich untergebracht sind. Kraftfutter sollte in galvanisierten Fässern aufbewahrt werden, die vor Nagetieren sicher sind, und auch das Heu sollte an Stellen gelagert werden, wo eine Verunreinigung durch Mäuse und Ratten minimal ist. Sie brauchen außerdem einen geeigneten Platz für den Misthaufen und die Schubkarre.

Halten Sie die Dränagen offen, Wände, Boden und Fenster sauber, Sattel- und Futterkammer sowie den gesamten Stall immer aufgeräumt.

UNTEN: *Zu einer guten Ponyhaltung gehört eine saubere und aufgeräumte Stallkammer.*

Auch der Misthaufen sollte ordentlich und kompakt sein; je kompakter der Misthaufen ist, desto mehr Hitze erzeugt er und desto mehr Wurmeier werden abgetötet. Damit auch die Parasiten in den kühleren Randbereichen vernichtet werden, sollte von Zeit zu Zeit umgeschichtet werden.

Sie brauchen auch „Kleidung“ für Ihr Pony – eine wasserfeste Decke, eine Stalldecke, die mit Gurten und Klettverschlüssen befestigt wird, und ein oder zwei leichte Decken sowie einige Bandagen, um Beine und Schweif zu schützen. Dies ist die Grundausstattung; Ausstellungsponys brauchen eine zusätzliche, spezielle Ausrüstung.

Sicherheitsmaßnahmen zur Vorbeugung und Eindämmung von Feuer sollten beachtet werden. Feuerlöscher sollten leicht zugänglich in der Nähe von Ställen und Futterspeichern hängen.

EINRICHTUNG

Eine Box sollte nur folgende Grundausstattung aufweisen:

- Ring zum Anbinden des Pferdes (wenn nötig),
- Futtertrog,
- Tränke bzw. Wassereimer,
- evtl. Heunetz.

STALLGEFÄHRTEN

Ein Pony sollte niemals allein gehalten werden – geben Sie ihm einen Gefährten, mit dem es sich gut versteht, ein anderes Pony oder einen Esel. Zur Not tut es auch ein Schaf oder eine Ziege.

UNTEN: *Ob Sie Stroh, Sägespäne oder Torf als Einstreu verwenden – wichtig ist, dass das Lager des Pferdes mindestens einmal am Tag ausgemistet wird.*

AUSMISTEN

Eine wichtige tägliche Arbeit des Ponybesitzers ist das Ausmisten. Es gehört zur grundlegenden Hygiene, vermindert das Risiko einiger Erkrankungen und sorgt dafür, dass der Lebensraum des Pferdes trocken und komfortabel ist. Wenn Sie es korrekt machen und die richtigen Geräte dafür benutzen, dauert es nur einige Minuten. Es ist wirklich nicht aufwändig oder übel riechend.

Sie brauchen einen Schubkarren, eine Schaufel, einen stabilen Besen und eine Mistgabel. Am besten bringen Sie das Pony vor dem Ausmisten aus dem Stall und entfernen Wassereimer.

1 Mit der Mistgabel oder Schaufel befördern Sie Pferdeäpfel und nasse Einstreu in den Schubkarren und leeren diesen auf dem Misthaufen; dieser sollte nicht zu nah bei den Ställen sein.

2 Schichten Sie den Rest der Einstreu von der Mitte an die Wände der Box.

3 Mit dem Besen fegen Sie den Boden sauber, sodass neu eingestreut werden kann.

MATRATZEN-METHODE

Eine Alternative ist die Matratzen-Methode, bei der einfach jeden Tag frische Einstreu auf die alte gegeben wird. Sehr nasse Stellen werden entfernt, feuchte Bereiche mit trockener Einstreu bedeckt. Dann wird die ganze Box mit ein wenig sauberer Einstreu versehen. Die Matratze wird langsam immer dicker, die tiefer liegenden Schichten produzieren durch Gärungsprozesse Hitze, töten dabei Parasiten und andere Insekten ab und nehmen Feuchtigkeit auf. Während beim traditionellen Ausmisten drei bis sechs Strohballen pro Woche benötigt werden, kommen Sie bei der Matratzen-Methode mit einem oder weniger aus. Nach einigen Monaten, vielleicht auch erst nach einem Jahr entfernen Sie die Matratze und beginnen neu.

EINSTREUEN

Die Einstreu sollte so hoch sein, dass die Zinken der Mistgabel nicht den Boden berühren, wenn sie sie hineinstechen. Häufen Sie an den Wänden der Box mehr Einstreu auf als in der Mitte, um Zugluft zu vermeiden, um das Pony vor Abschürfungen zu schützen, wenn es an der Wand liegt, und um zu vermeiden, dass es beim Hinlegen an der Wand eingekeilt wird und nicht mehr hochkommt.

Einige Ponys fressen gern ihre Einstreu aus Stroh, andere reagieren allergisch auf Pilzsporen darin, was zu Husten führen kann. Sägespäne, Hanfhäcksel, staubfreies Stroh oder geschreddertes Papier sind hier gute Alternativen, wenn auch allesamt teurer.

1 Mit der Schaufel oder Mistgabel wird das Stroh an der Wand entlang aufgehäuft. Desinfizieren Sie einmal pro Woche den Boden und lassen Sie ihn ein bis zwei Stunden trocknen, ehe Sie wieder einstreuen.

2 Neues Stroh wird hinzugegeben und gleichmäßig in der Mitte der Box verteilt.

3 Entlang den Wänden wird dichter und höher eingestreut.

4 Lassen Sie das Pony wieder in seine Box und genießen Sie es, Ihr Tier zu beobachten.

Stallroutine

Ein Pony wird normalerweise nicht Tag und Nacht im Stall gehalten, es sei denn, das Wetter ist extrem schlecht oder das Pony in schlechtem Zustand – oder es gibt andere zwingende Gründe. Ponys brauchen Raum; sie müssen ihre Beine ausstrecken können, sich wälzen, wenn Ihnen danach ist, und sich an der frischen Luft bewegen. Ein permanent im Stall gehaltenes Pony wird leicht reizbar, empfindlich und anfällig für geschwollene Beine sowie für Verdauungsprobleme. Ideal ist es, wenn das Pony nachts in den Stall gebracht wird und tagsüber auf die Weide darf. Ein Stallpferd sollte jeden Tag mindestens zwei Stunden im Freien verbringen dürfen, entweder geritten, auf der Weide oder im Paddock.

TÄGLICHER STUNDENPLAN

Wenn Sie Ihr Pony tagsüber auf die Weide lassen und es für die Nacht in den Stall holen, sollte es mindestens vier Mahlzeiten bekommen. Das Verdauungssystem von Pferden arbeitet – im Gegensatz zu dem anderer Tiere – nicht gut, wenn das Tier nur morgens und abends gefüttert wird. So sieht ein idealer täglicher Stundenplan aus:

Frühmorgens:	Das Pferd untersuchen, frisches Wasser geben, erstes Kraftfutter und etwas Heu geben.
Morgens:	Ausmisten, leicht striegeln, ein bis zwei Stunden mit dem Tier arbeiten.
Mittags:	Kraftfutter geben und striegeln, Heu geben.
Nachmittags:	Das Pony hat Freizeit, im Paddock oder auf der Weide.
Frühabends:	Kraftfutter und etwas Heu geben, Nachtdecke anlegen, Einstreu überprüfen.
Spätabends:	Kraftfutter und etwas Heu geben.

An jedem Tag, an dem Ihr Pony weniger als gewöhnlich arbeiten muss, reduzieren Sie das Kraftfutter und geben dafür mehr Heu.

OBEN: *Ponys toben voller Begeisterung herum, wenn sie ins Freie kommen.*

Fellpflege

Das Fell ist mehr als nur eine Zierde; es braucht die regelmäßige Zuwendung und Pflege des umsichtigen und stolzen Ponybesitzers. Wild lebende Ponys und Esel werden nicht gestriegelt – es wäre schwierig genug, sich ihnen mit einem Striegel zu nähern –, doch sie halten ihr Fell durch gegenseitige Pflege und „Schlammpackungen" in einem exzellenten Zustand.

An Wildponys beobachten wir hochentwickeltes Fellpflegeverhalten, das – von der Fellreinigung, der Bekämpfung von Parasiten und der Entfernung loser Haare abgesehen – auch wichtig für die Pflege der sozialen Beziehungen der Herdenmitglieder ist. Zucken der Haut durch schnelle Muskelkontraktionen, Schütteln, Lecken und Reiben des Körpers, all dies gehört zum natürlichen Verhaltensrepertoire der Körperpflege. Das Reiben des einen Hinterbeins am anderen wurde bei Wildponys und -pferden nicht beobachtet, ist jedoch bei Zebras üblich. Sich in Staub und Schlamm zu wälzen ist eine andere beliebte Form der Fellpflege. Experimente mit Zebras haben ergeben, dass ein ausgestopftes Zebra erst als Artgenosse anerkannt und begrüßt wird, nachdem es mit Schlamm beschmiert wurde.

Die wichtigste und am weitesten entwickelte Form der Fellpflege ist sanftes Beißen. Die Tiere beißen sich selbst, aber noch lieber beißen sie sich gegenseitig. Ein Pony nähert sich dem anderen mit dem typischen „Einladungsgesicht" (Maul geschlossen, Oberlippe nach vorn gewölbt). Ohne weiteres Aufhebens stellen sich die Tiere Seite an Seite, Kopf an Schwanz, und knabbern am Fell des andern, reißen alte Haare aus, stimulieren die Blutzirkulation. Die Partner knabbern jeweils an den gleichen Stellen. Dieses Verhalten wird

UNTEN: *Ponys lieben es, gepflegt zu werden – entweder von einem anderen Pferd oder von Ihnen.*

meist im Sommer an den Tag gelegt; besonders wichtig ist es, wenn die Tiere den Winterpelz abstoßen. Der Fellwechsel wird durch den Temperaturanstieg im Frühling stimuliert. Beim letzten Wildpferd, dem Przewalski, beträgt die Temperatur für das Auslösen des Fellwechsels 6 Grad Celsius.

Wildpferde können sich sehr gut selbst pflegen, doch unsere domestizierten Freunde brauchen die regelmäßige und gründliche Pflege ihrer Besitzer, wenn sie sich wohl fühlen und gut aussehen sollen. Pflegen Sie Ihr Pony gut, wird das Risiko von Hautkrankheiten vermindert, sein Gesundheitszustand verbessert, und es wird ein glänzendes Fell bekommen.

FELLSCHUR

Wird ein Pony den Winter über im Stall gehalten, empfiehlt es sich – vor allem bei britischen Rassen –, das Winterfell im frühen Herbst sowie ein- oder zweimal im Winter zu scheren. Die Zeitspanne zwischen den Schuren hängt vom Fellwachstum und der Dichte des Fells ab. Sind Sie ein Anfänger in der Pferdehaltung, bitten Sie einen Experten um Hilfe – machen Sie es nicht selbst, bevor sie nicht mehrmals zugesehen haben. Wenn der Frühling kommt, brauchen Pferde, die den Winter im Freien verbracht haben, sehr viel Pflege, bis die Winterwolle ausgebürstet ist.

PONYPFLEGE

Während ein begeisterter Autofahrer regelmäßig samstags zur Autowaschanlage fährt, müssen Ponybesitzer sich öfter um das Erscheinungsbild ihrer „Vehikel“ kümmern. Putzen und Striegeln ist keine kosmetische Prozedur. Das Säubern und Bürsten des Fells hat folgende Funktionen:

- Es vermindert das Risiko von Hautkrankheiten.
- Es gefällt dem Tier und stärkt die Bindung zwischen Reiter und Pferd (sehr wichtig).
- Der Pfleger entdeckt kleinere Verletzungen.
- Kreislauf und Muskeln des Ponys werden stimuliert.

Im Freien gehaltene Ponys brauchen im Winter wenig Aufmerksamkeit. Eine Inspektion pro Woche genügt, bei der eingetrockneter Schlamm mit der Wurzelbürste entfernt wird, Mähne und Schweif ausgekämmt werden, die Hufe ausgekratzt und eingefettet werden und das Fell einmal gründlich durchgebürstet wird. Im Sommer sollte die Pflege gründlicher und öfter vorgenommen werden; im Stall gehaltene Tiere brauchen ebenfalls tägliche Aufmerksamkeit.

LINKS: *Aus dem Fell dieses kleinen Ponys muss der Winterschlamm ausgebürstet werden.*

AUSSTATTUNG FÜR DIE PFERDEPFLEGE

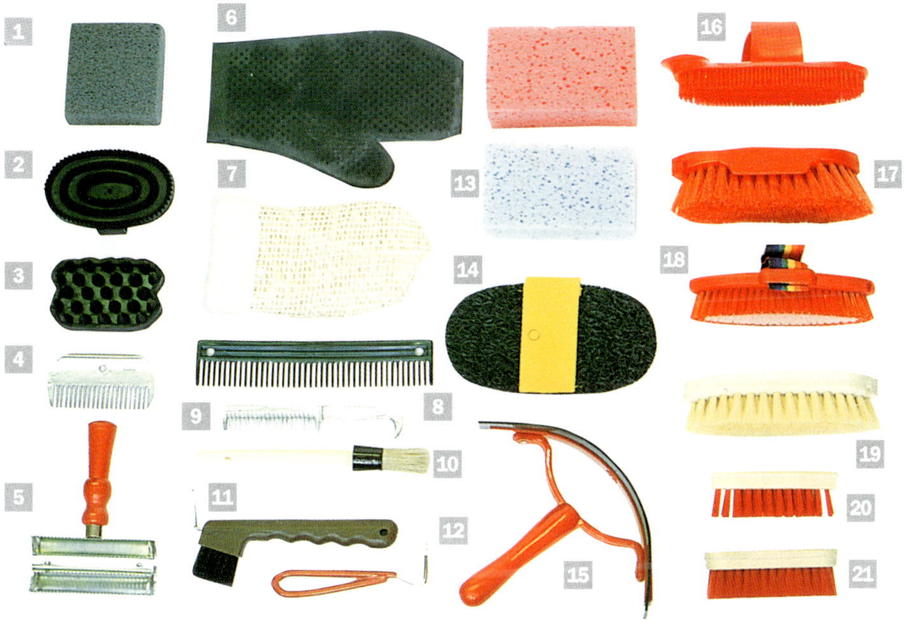

1 Bimsstein: Zum Entfernen des Winterfells und loser Haare sowie zum Polieren des Fells.
2 Gummistriegel: Für die tiefergehende Reinigung und Massage (nicht an Beinen und Kopf benutzen).
3 Massagestriegel: Zum Massieren und zum Entfernen des Winterfells.
4 Mähnenkamm: Für den letzten Schliff.
5 Metallstriegel: Zum Reinigen von Hals und Rumpf.
6 Striegelhandschuh: Zum Entfernen des Winterfells.
7 Stoffhandschuh: Für Flecken, Schweißränder und die letzte Politur.
8 Kamm: Zum Kämmen von Mähne und Schweif.
9 Ziehkamm: Zum Ordnen und Kürzen der Mähne und zum Entfernen langer Haare.
10 Hufpinsel: Zum Aufbringen von Huffett oder Hufteer.
11 Hufkratzer: Zum Auskratzen und Bürsten der Hufe.
12 Hufkratzer mit Bürste: Zum Auskratzen der Hufe.
13 Schwämme (zwei): Einer für das Gesicht und einer für die Afterregion.
14 Schwammstriegel: Zum Massieren, Säubern des Gesichts und für Schweißflecken.
15 Schweißmesser: Zum Entfernen von Schweiß und überschüssigem Wasser.
16 Plastikstriegel: Für Mähne und Schweif.
17 Wurzelbürste: Zum Entfernen von grobem Schmutz, vor allem an den Beinen.
18 Körperbürste: Zum Entfernen von Staub und Milben aus dem Deckhaar.
19 Wasserbürste: Zum Aufbringen von Wasser und zum Bürsten des nassen Fells.
20 Hufbürste: Zum Säubern der Hufe (außen und innen).
21 Gesichtsbürste: Für die empfindlichen Partien um Augen und Maul.

BASISPFLEGE FÜR DAS STALLPONY

Beim Putzen des Ponys stehen Sie nah an seiner Seite und behalten seine Hinterhand im Auge. Auch sollten Sie nicht direkt hinter ihm stehen, sonst könnten Sie einen Schubs oder Schlag abbekommen! Geputzt wird am besten draußen.

ANBINDEN

1 Befestigen Sie einen Strick (wenn möglich mit Panikhaken) am Halfter des Ponys und binden Sie ihn mit einem Sicherheitsknoten fest.

2 Führen Sie dazu den Strick durch den Ring an der Wand und binden Sie das Ende zu einer Schlaufe.

3 Ziehen Sie die Halbschleife fest, aber lassen Sie das lose Ende herunterhängen. Zum Lösen des Knotens ziehen Sie daran.

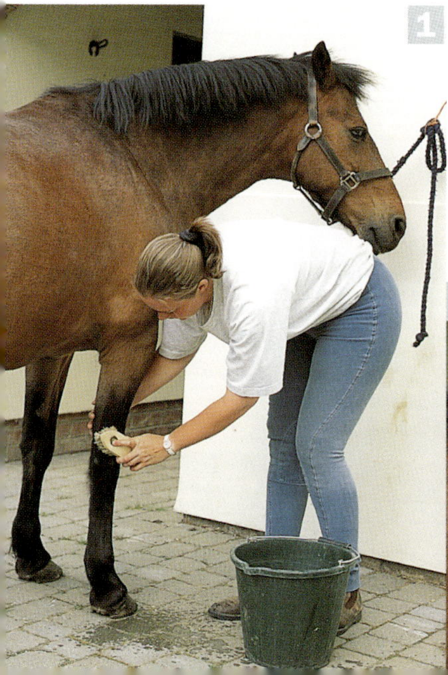

VORREINIGUNG

1 Waschen Sie groben Schmutz, Schlamm und Flecken mit der Wasserbürste ab. Gehen Sie sanft dabei vor.

2 Mit der Wurzelbürste entfernen Sie mit kräftigen Strichen letzte Verkrustungen und Schlamm.

3 Mit dem Gummistriegel massieren Sie zunächst den Hals, dann den Rumpf mit kreisenden Bewegungen.

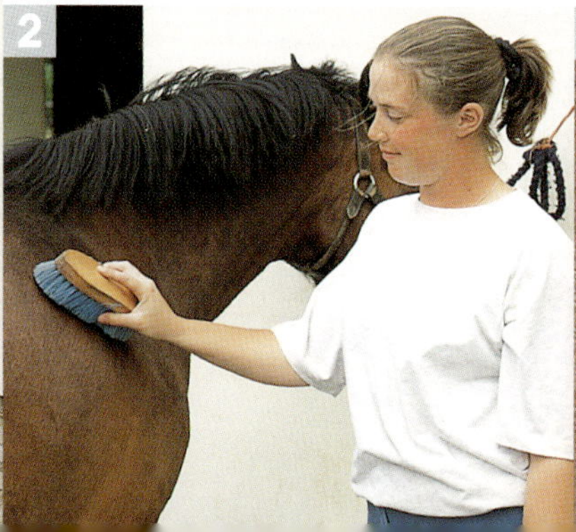

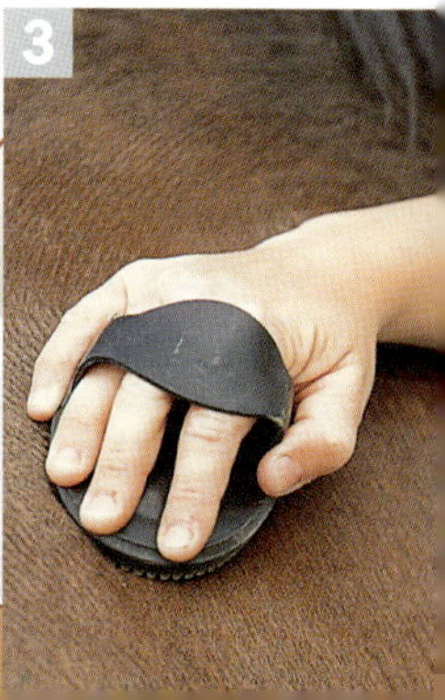

PFLEGE DER MÄHNE

1 Mit Mähnenkamm und Fingern wird die Mähne sanft entwirrt und gekämmt. Achten Sie dabei darauf, keine Haare auszureißen.

2 Mit der Körperbürste wird die Mähne zur anderen Seite gebürstet, sodass der Mähnenansatz – wo sich leicht Schmutz und Fett ansammeln – gesäubert werden kann.

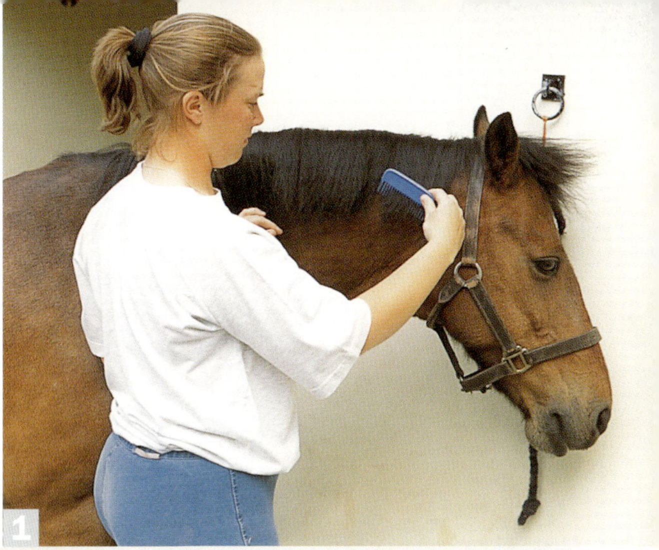

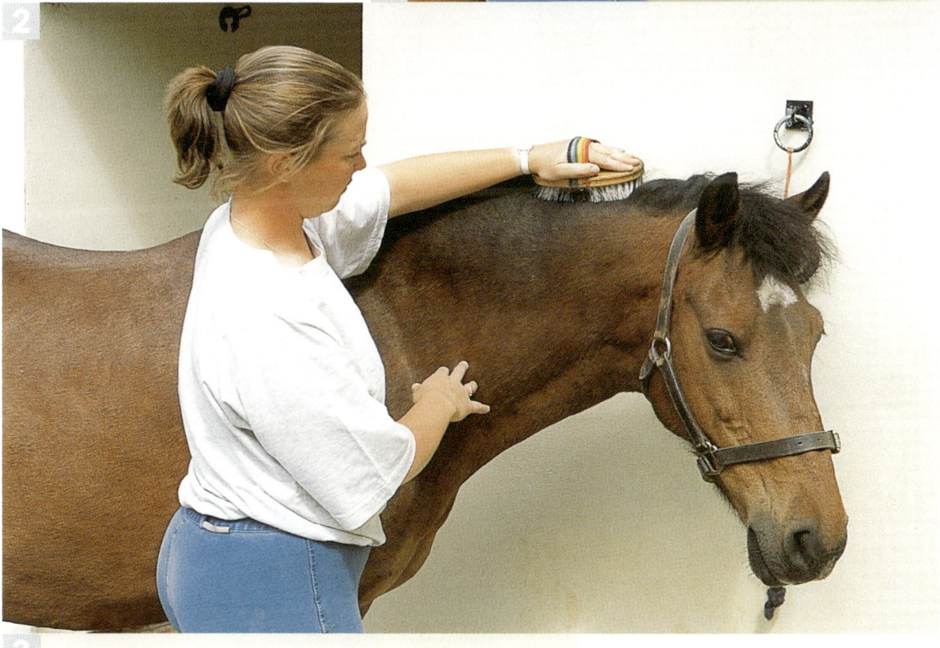

3 Bürsten Sie die Mähne in kleinen Abschnitten zurück zur ursprünglichen Seite. Danach bürsten und kämmen sie den Schweif.

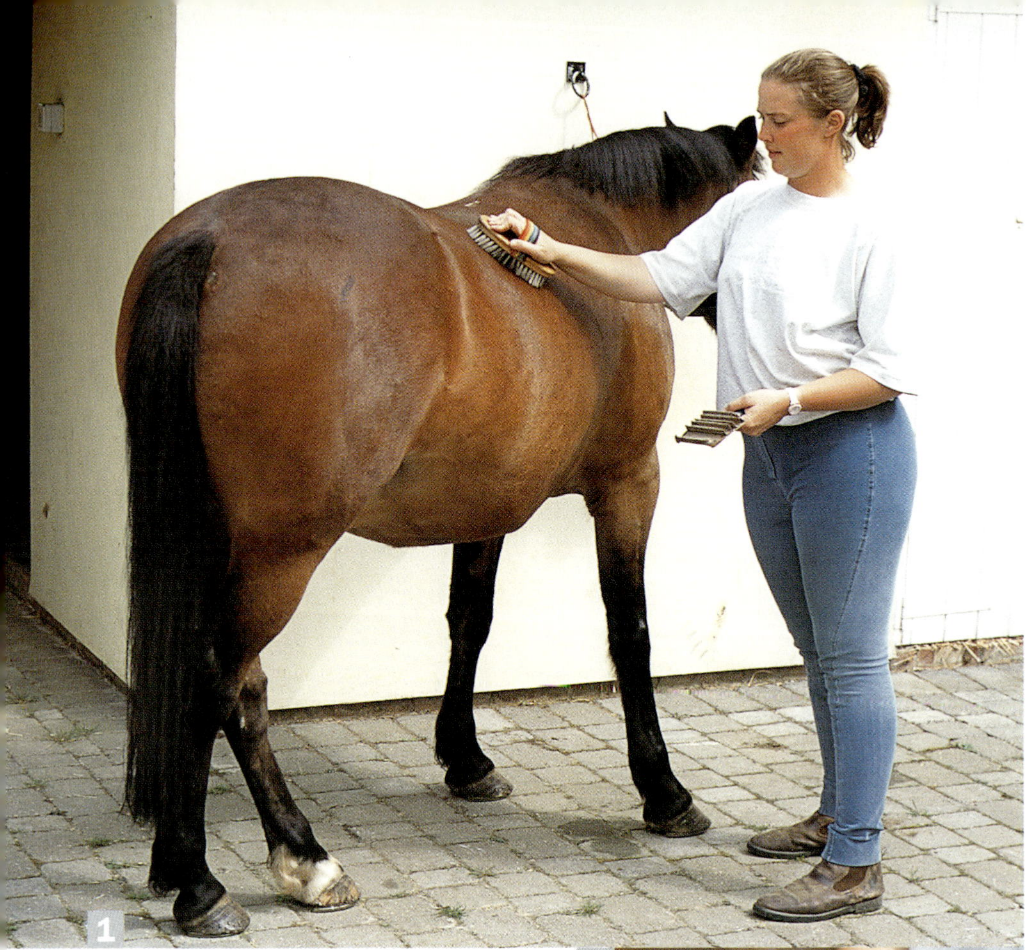

1

DEN KÖRPER BÜRSTEN

1 Am Halsansatz beginnend, arbeiten Sie sich mit der Körperbürste langsam nach hinten. Bürsten Sie immer mit dem Strich.

2 Nach ca. zwölf Strichen wird die Bürste an den Zähnen eines Metallstriegels abgeschabt, um die Borsten zu reinigen.

3 Alternativ können Sie mit der Bürste auch gegen eine Wand, auf den Boden oder noch besser auf ein Holzbrett klopfen.

2

3

DEN KOPF SÄUBERN

1 Bevor Sie den Kopf bürsten, nehmen Sie Halfter oder Kopfgeschirr ab. Befürchten Sie, dass das Pony nicht still steht, können Sie ihm einen Führstrick um den Hals binden.

2 Der Kopf wird sanft mit der Gesichtsbürste gesäubert. Vergessen Sie nicht die Ohren und den Bereich unter dem Maul.

3 Die Augen werden mit einem Schwamm und sauberem, möglichst handwarmem Wasser gereinigt. Der Schwamm sollte weich und sauber und nur für diesen Zweck zu verwenden sein. Er sollte nicht so nass sein, dass Wasser in die Augen des Ponys läuft.

4 Waschen Sie den Schwamm aus und wischen Sie dann die Partie um Maul und Nüstern damit sauber.

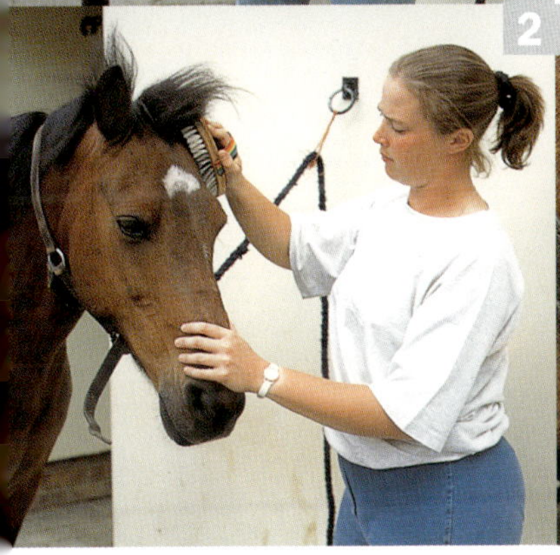

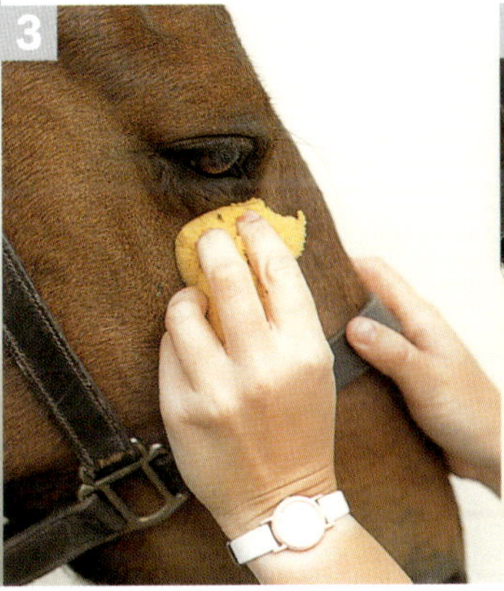

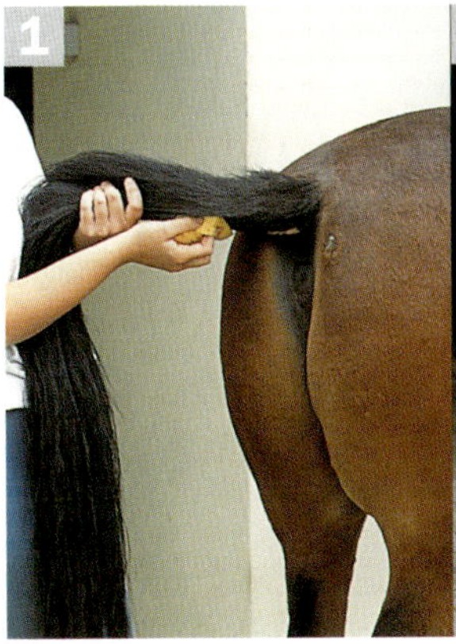

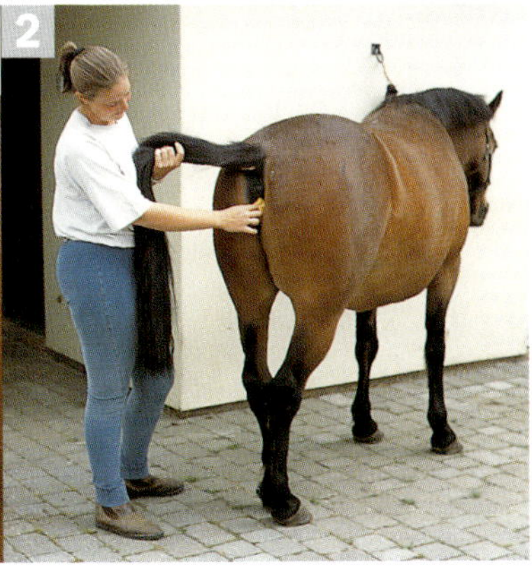

DEN AFTER REINIGEN

1 Mit einem zweiten feuchten Schwamm waschen Sie vorsichtig die Afterregion.

2 Heben Sie während der Reinigung den Schweif an. Verwechseln Sie nie die Schwämme!

INSPEKTION DER HUFE

1 Bürsten Sie die Hufwände sauber und achten Sie auf mögliche Risse.

2 Kratzen Sie die Hufsohlen aus. Entfernen Sie Fremdkörper und überprüfen Sie den Strahl. Achten Sie auf durchnässte, übel riechende, verfaulte Stellen.

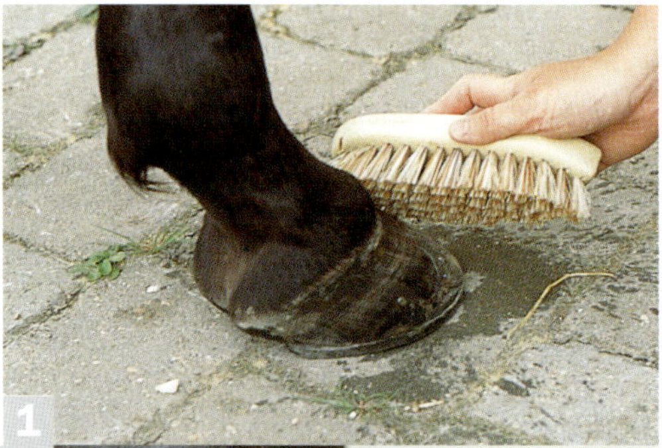

1

2 3

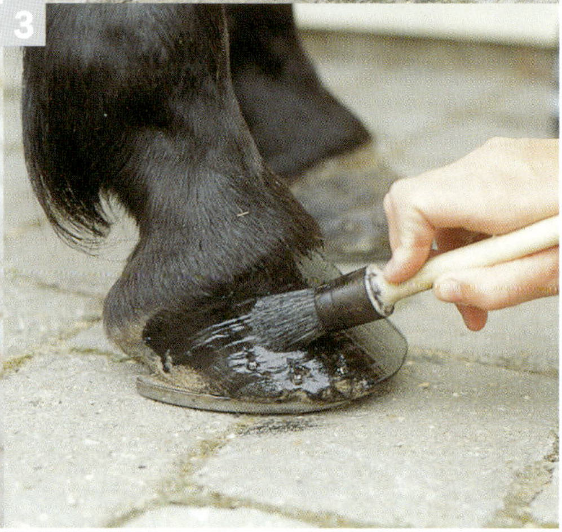

3 Bepinseln Sie die sauberen Hufwände mit Huffett, um sie stark und geschmeidig zu erhalten.

DIE MÄHNE LEGEN

Mit einer Wasserbürste, von der überschüssiges Wasser abgeschüttelt wurde, wird die Mähne vom Ansatz bis zu den Haarspitzen nach unten gebürstet. So liegt sie flach am Hals an und sieht ordentlich aus.

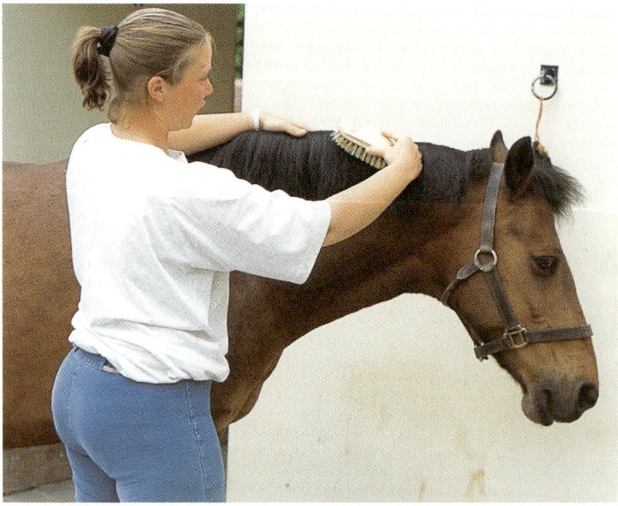

POLIEREN

Zum Schluss wird das ganze Tier mit einem Frottiertuch „poliert“, sodass das Fell gesund glänzt. Wischen Sie immer mit dem Strich.

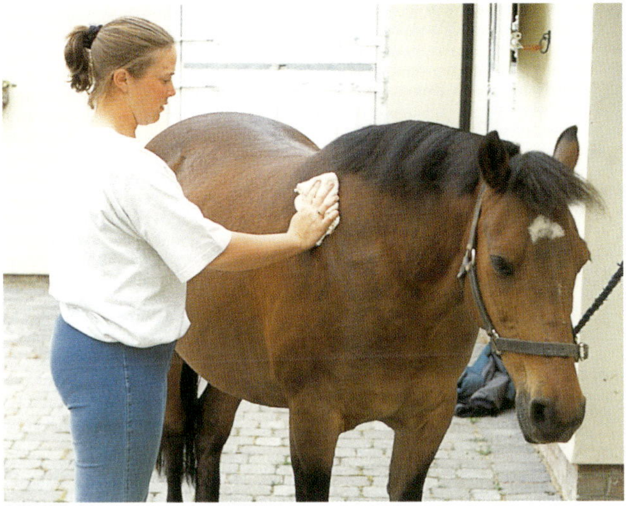

WASCHEN

Sehr schmutzige Partien wie der Schweif können auch im Winter gewaschen und getrocknet werden, das komplette Pony sollte jedoch nur bei wärmerem Wetter abgewaschen werden. Selbst an den heißesten Sommertagen sollte das Wasser mindestens lauwarm sein.

- **Verwenden Sie Pferdeshampoo.**
- **Das Shampoo darf nicht in die Augen geraten.**
- **Zum Spülen und Trocknen benutzen Sie Handtücher.**
- **Führen Sie das Pony herum, bis es vollständig getrocknet ist.**
- **Zuletzt wird das Pony leicht gebürstet.**
- **Ist die Luft inzwischen abgekühlt, legen Sie dem Pony eine Schweißdecke und eine leichte Decke auf.**

BEINE WASCHEN

Das Waschen der Beine ist umstritten, da manche Tiere schnell aufgescheuerte, entzündete Haut rund um die Fesseln haben, wenn sie sich den ganzen Tag im Morast der Weide aufhalten. Im Winter sollten Sie auf der Weide gehaltenen Ponys deshalb nur die Beine waschen, wenn sie sehr schmutzverkrustet sind. Stutzen Sie keinesfalls den Fesselbehang. Der natürliche Hautschutz durch Haar und Fett sollte während der Winterzeit aufrechterhalten bleiben. Im Sommer wasche ich die Beine der Ponys ab, wenn sie schmutzig sind, und lege über Nacht Stallbandagen um die sauberen, noch feuchten Beine.

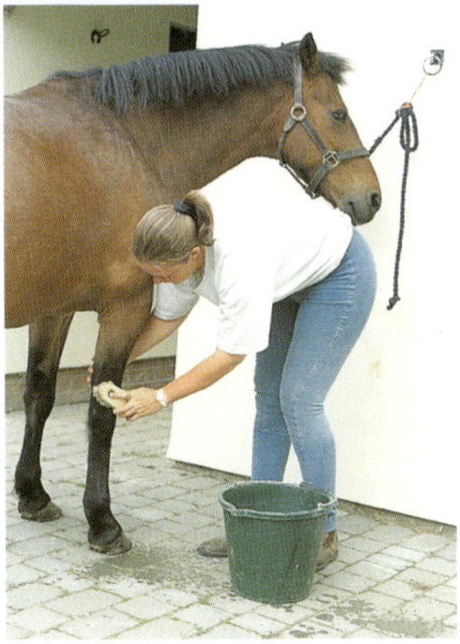

LINKS: *Sind die Beine Ihres Ponys im Sommer verschlammt, können Sie den Schmutz mit einer Wurzelbürste und lauwarmem Wasser abwaschen.*

Hufpflege

Sie müssen den Fuß des Ponys aufnehmen, um den Huf zu inspizieren. Tun Sie dies oft, wird das Pony lernen, den Huf für Sie zu heben, besonders wenn Sie dabei immer ein Wort wie „hoch“ oder „Fuß“ sagen. Zu Ihrer Sicherheit nähern Sie sich dem Pony immer von vorn, streichen mit der Hand über sein Fell und sprechen zu ihm, bevor Sie die Hufe kontrollieren.

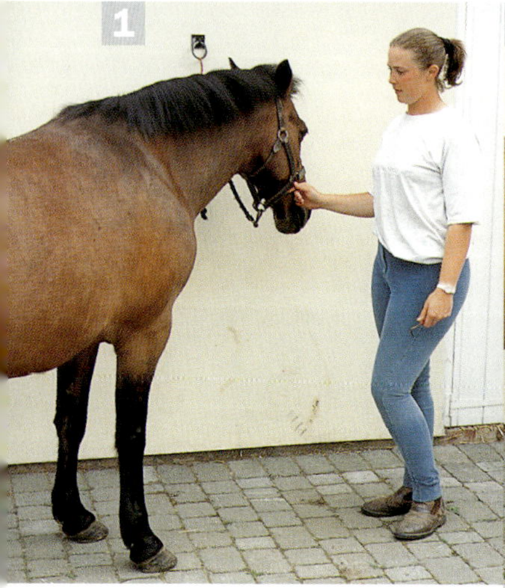

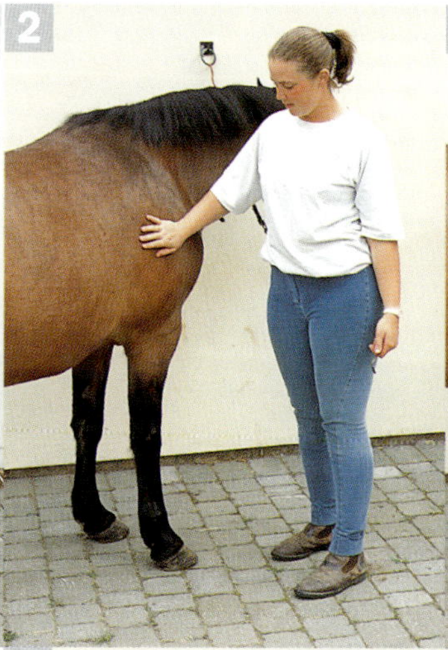

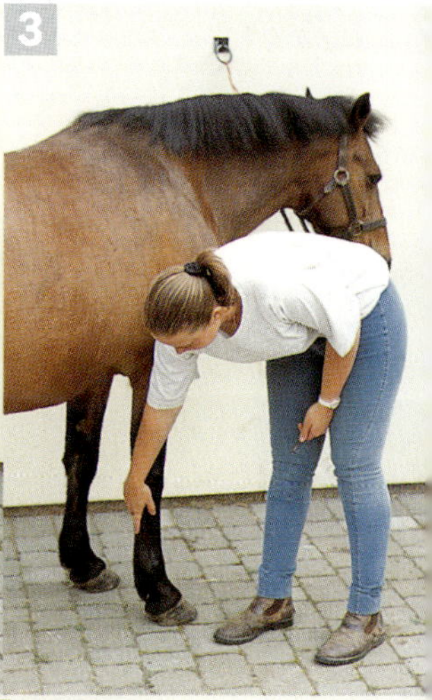

ANHEBEN DES VORDERFUSSES

1 Stehen Sie dicht am Pony, mit dem Gesicht zum Hinterteil des Tieres.

2 Fahren Sie mit der Hand sanft über die Schulter des Tieres abwärts zur Fessel.

3 Halten Sie die Fessel fest und drücken Sie sie hoch.

4 Fassen Sie den vorderen Hufrand mit Ihrer anderen Hand.

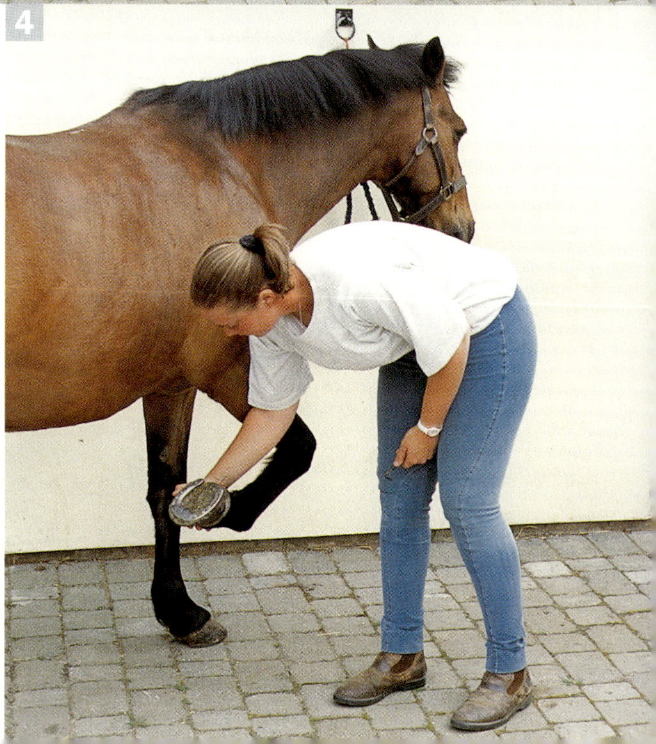

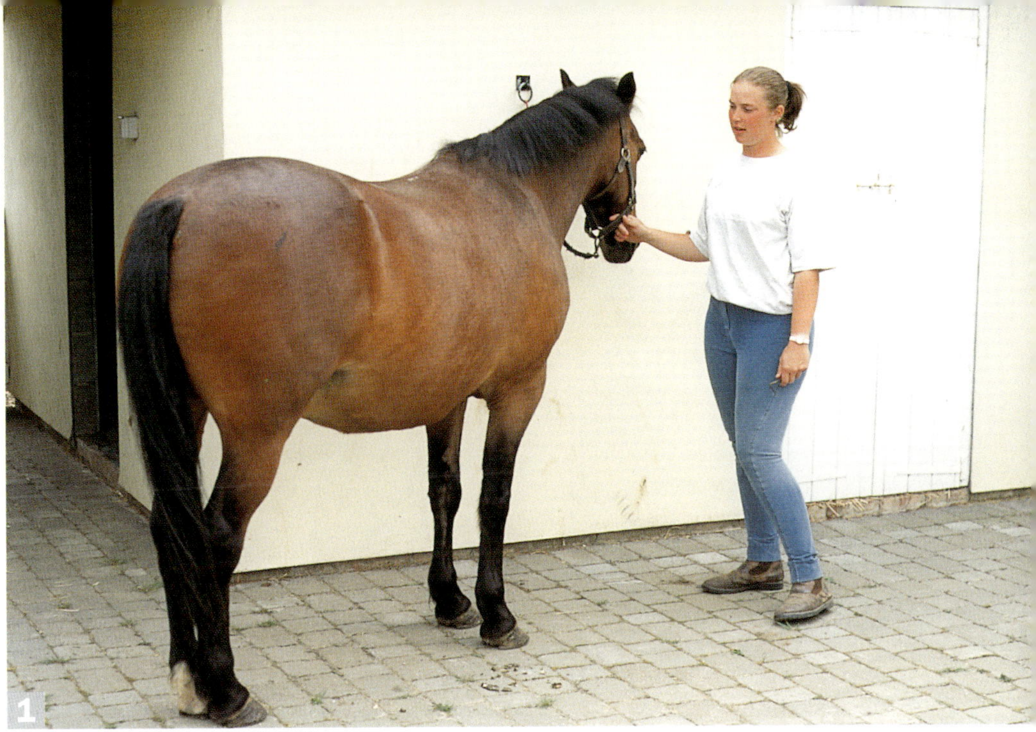

1

ANHEBEN DES HINTERFUSSES

1 Nähern Sie sich dem Pony von vorn und stehen Sie dicht neben ihm.

2 Fahren Sie mit der Hand über den Rücken des Ponys bis zu seiner Hinterbacke, während Sie weiter nach hinten gehen.

3 Drücken Sie sich an das Hinterbein, mit dem Gesicht zum Hinterteil, sodass Sie nicht geschlagen werden können. Fahren Sie mit der Hand über die Hinterbacke nach unten und umfassen Sie die Fessel. Heben Sie die Fessel hoch, sodass alle Gelenke des Beins gebogen sind. Greifen Sie den Hufrand und drücken Sie sich fest an das Pony.

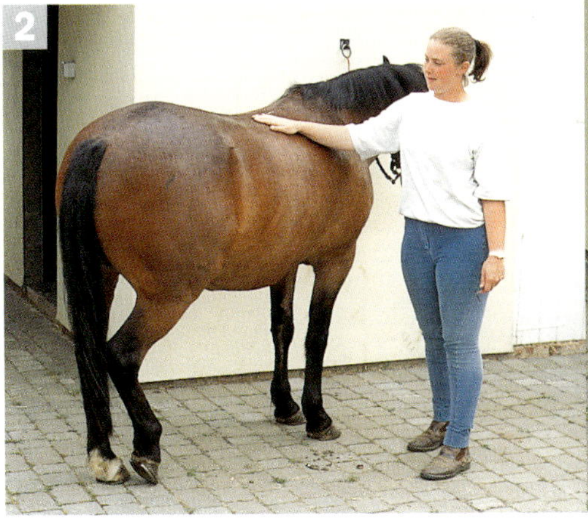

2

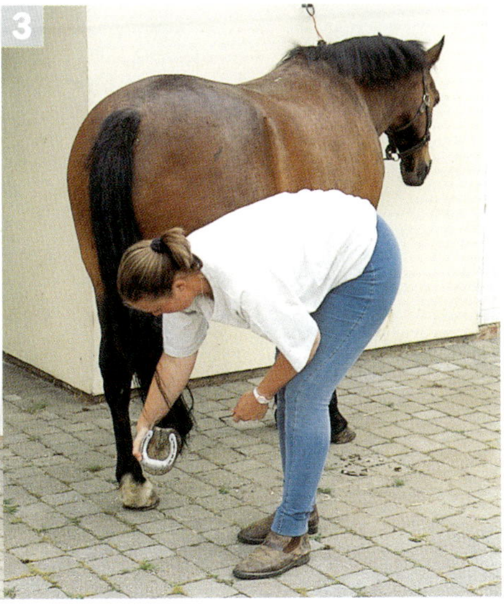

3

ZUSTAND DER HUFE ÜBERPRÜFEN

Inspizieren Sie regelmäßig den Zustand der Hufe. Sehen Sie nach Rissen in der Hufwand, entfernen Sie Schmutz und Steine an beiden Seiten des Strahls und fetten Sie die Hufe nach Bedarf ein. Schneiden Sie mit dem Huf- oder Taschenmesser aber niemals kleine Teile vom Strahl weg – Sie könnten unbeabsichtigt den Druck des Strahls verringern. Der Druck, der vom Strahl beim Gehen und Laufen ausgeht, ist jedoch wesentlich für eine gute Blutzirkulation und die Gesundheit des Fußes. Das Beschneiden des Strahls sollten Sie immer der fachmännischen Pflege eines Hufschmieds oder Tierarztes überlassen.

BESONDERE PFLEGE

- Wenn das Pony im Winter in den Schnee gehen soll, empfiehlt sich eine dicke Schicht Huffett auf den Sohlen, damit der Schnee sich nicht unter den Hufen ansammelt.
- Werden die Hufe eines Ponys leicht spröde und rissig, kann es helfen, das Futter mit Biotin, einem Vitamin der B-Gruppe, anzureichern. Biotin-Pulver ist im Futterhandel, im Tierfachhandel oder in Apotheken erhältlich, die auch Tiermedizin führen.

OBEN: *An schneereichen Wintertagen ist es klug, reichlich Fett auf die Hufsohlen zu streichen.*

INSPIZIEREN DER EISEN

Bei der Routineuntersuchung der Hufe sollten Sie auch einen Blick auf die Eisen werfen. Der Hufschmied sollte angerufen werden, wenn:

- **ein Eisen fehlt, verbogen, durchgebrochen oder lose ist,**
- **die Eisen abgelaufen sind,**
- **die Hufe vorn oder hinten über das Eisen wachsen,**
- **das Pony öfter als sonst stolpert.**

Merke: Ein Hufschmied wird alle zwei bis drei Monate benötigt, je nachdem, wie viel das Pony geritten wird und wie schnell die Hufe wachsen.

UNBESCHLAGENE PONYS

Auch ein unbeschlagenes Pony braucht regelmäßig die Aufmerksamkeit des Schmieds. Der Huf ist lebendes Gewebe und wächst ständig. Wenn die Hufwände länger werden, brechen leicht Stücke heraus; oder sie spalten sich, und das hat oft schlimme Folgen. Deshalb sollten die Hufe fachkundig beschnitten werden. Wilde Pferde brauchen keinen Hufschmied – sie halten ihre Hufe kurz, indem sie über rauen oder felsigen Untergrund laufen.

LINKS: *So halten Sie einen Huf korrekt hoch, um ihn zu inspizieren. Dieser gehört einem einjährigen, unbeschlagenen Pony.*

Pferdedecken

Ihr Pony sollte über eine „Basisgarderobe“ verfügen. Wenn jahreszeitlich bedingte oder plötzliche Wetterveränderungen eintreten oder wenn das Pony aus irgendeinem Grund nicht ganz auf der Höhe ist oder sich verausgabt hat – all dies sind Gelegenheiten, die es vielleicht nötig machen, Ihrem Pony schnell etwas überzuziehen.

SCHWITZEN UND ERKÄLTUNGEN

Wenn ein Pony nach der Arbeit in den Stall gebracht wird und noch stark schwitzt, könnte es sich erkälten. Vermeiden Sie eine Erkältung, indem Sie das Tier mit Tüchern oder einem Strohbüschel kräftig abreiben, dann etwas Stroh auf seinen Rücken rieseln lassen und eine leichte Decke darauf legen. Nach einer halben Stunde entfernen Sie Decke und Stroh wieder. Ein sehr heißes und angestrengtes Pony sollte, bedeckt mit Stroh und Decke, langsam im Schatten trocken geführt werden.

DIE RICHTIGE DECKE

Für Ponys, die den Winter im Freien verbringen, sollte auf jeden Fall eine wasserfeste Decke angeschafft werden. Es gibt passende Decken für jede Gelegenheit:

- **Wasserfeste Decke:** Diese Decke schützt gegen Wind und Regen. Ein zähes kleines Dartmoor-Pony wird bei jedem Wetter auch ohne Decke gut gedeihen, doch den empfindlicheren, älteren Ponys und allen Tieren, die zu Rheuma neigen, tut eine Decke bei schlechtem Wetter gut – genau wie den Menschen.
- **Stalldecke:** Diese wird bei kälteren Temperaturen im Stall aufgelegt. Sie ist wattiert oder gesteppt und wird am besten mit breiten Gurten am Körper befestigt. Bei sehr kaltem Wetter kann noch eine einfache Decke darunter gelegt werden.

UNTEN: *Diese wasserfeste Decke hat die richtige Größe und ist korrekt aufgelegt.*

Schweißdecke: Das Äquivalent zu unserem „Muskelshirt"; die Löcher im Gewebe fangen Luft ein, die den Körper isoliert. Die Decke wird immer mit einem Laken (bei warmem Wetter) oder einer Stalldecke (bei kaltem Wetter) obenauf benutzt.

Arbeitsdecke: Die oft wasserdichte Arbeitsdecke bedeckt den Rücken unter dem Sattel und kann das Pony auf winterlichen Ausritten trocken halten.

Sommerdecke: Das Äquivalent zu unserem sommerlichen T-Shirt; die leichte Decke hält bei warmem Wetter Fliegen ab und wird auch für Reisen benutzt.

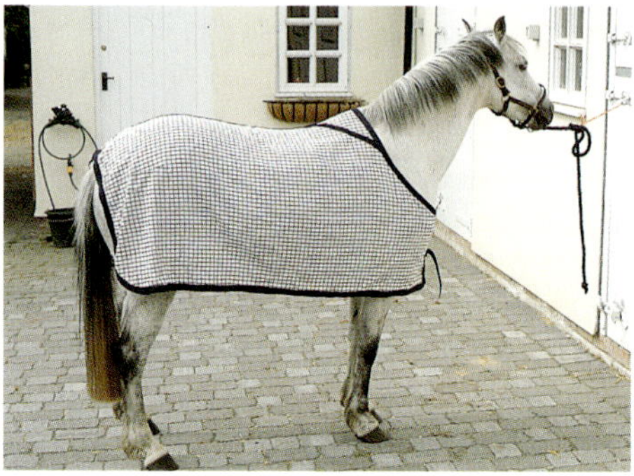

OBEN RECHTS: *Eine leichte Sommerdecke ist normalerweise aus Baumwolle. Sie wird meist im Sommer für Reisen benutzt oder um Insekten abzuhalten.*

RECHTS: *Die Schweißdecke ist das Äquivalent zum Muskelshirt.*

UNTEN: *Ergänzend zu den schweren wasserfesten Decken, die im Winter für Schutz sorgen, können wärmende gesteppte Kapuzen übergezogen werden.*

EINE STALLDECKE AUFLEGEN

Die Decke sollte die richtige Größe für Ihr Pony haben. Sie sollte rechts und links Bauch, Schultern und Knie bedecken und bis über das Hinterteil reichen. Wichtig ist auch ein guter Sitz an Schultern, Widerrist, Rippen und Kruppe. Um eine Vorstellung von der richtigen Größe zu bekommen, messen Sie den Abstand zwischen Brust und Hinterteil.

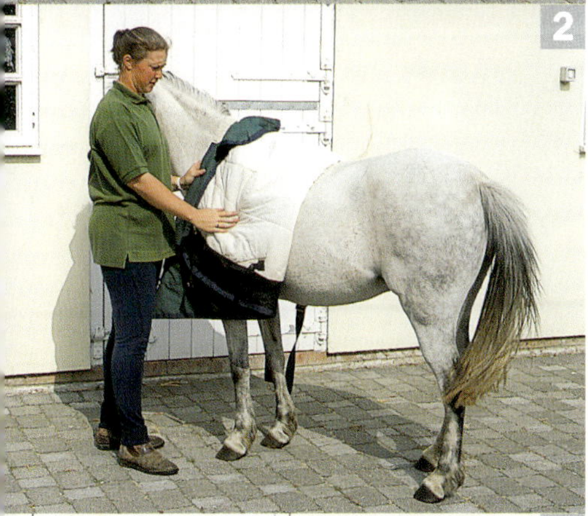

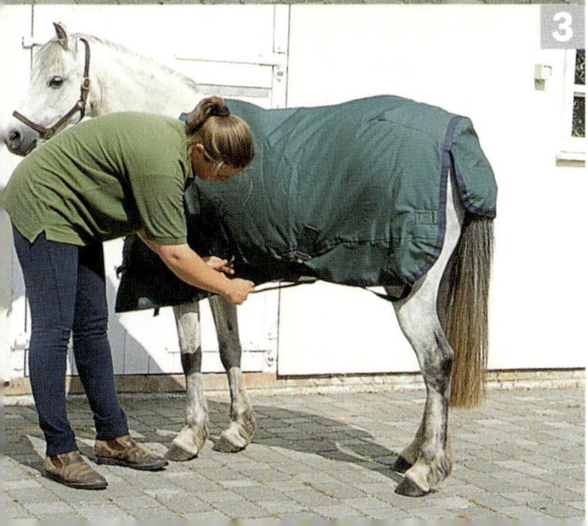

1 Falten Sie die Decke zur Hälfte (mit der Innenseite nach außen).

2 Legen Sie die gefaltete Decke auf das Pony. Der vordere Rand liegt etwas über dem Widerrist.

3 Falten Sie die Decke auf und ziehen Sie sie für einen perfekten Sitz leicht nach hinten. Dann ziehen Sie den Bauchgurt fest.

4 Gehen Sie vorsichtig zum Hinterteil und ziehen Sie die Riemen um die Hinterbeine an.

5 Befestigen Sie die Vorderriemen, wobei Sie darauf achten, die Decke nicht wieder nach vorn zu ziehen.

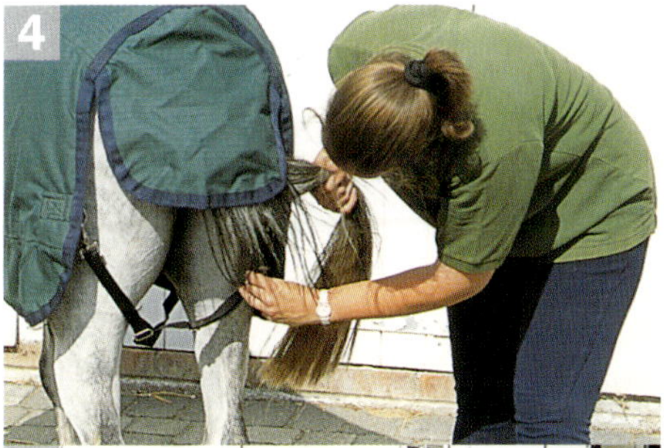

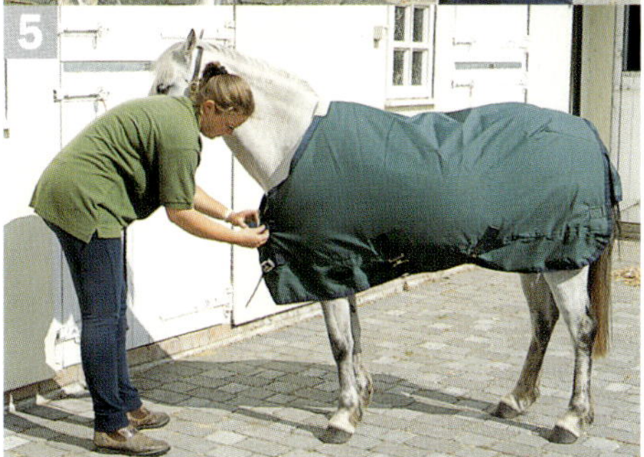

Sättel

Zum Erwerben eines Sattels sollten Sie einen erfahrenen Berater hinzuziehen, z.B. einen Sattlermeister. Welcher Sattel richtig ist, hängt von Ihrem Gewicht ab, Ihrer Größe, der Größe und der Figur Ihres Ponys sowie davon, was Sie mit dem Pony vorhaben. Wollen Sie mit ihm an Dressurprüfungen oder Springturnieren teilnehmen, oder brauchen Sie einen vielseitigen Sattel für Ausritte?

Sättel müssen perfekt sitzen – mindestens so gut wie Ihre bequemsten Schuhe. Schlecht sitzende Sättel verursachen wunde Stellen, die chronisch werden können und sehr schwer zu kurieren sind. Sättel können maßgefertigt sein oder von der Stange kommen. Das richtige Maßnehmen am Tier ist Voraussetzung dafür, die korrekte Größe und Passform zu finden. Vielleicht bevorzugen Sie einen gebrauchten Sattel – dagegen ist nichts einzuwenden, doch untersuchen Sie den Sattel sorgsam auf übermäßige Abnutzung, einen gebrochenen inneren Rahmen oder ein zu flaches, verschlissenes Innenfutter. Ein schlecht sitzender Sattel ist nicht nur eine Qual für das Pony, auch der Reiter macht keine glückliche Figur darin.

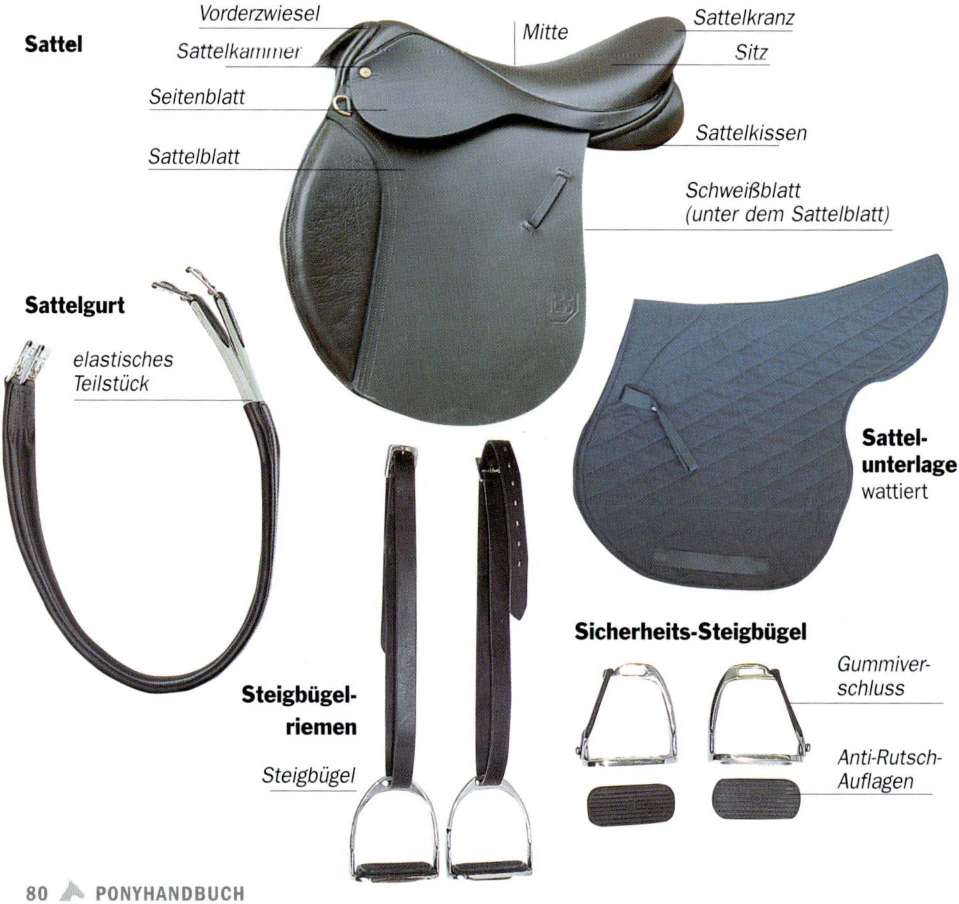

EINEN SATTEL ANPASSEN

Für die Gesundheit Ihres Ponys und Ihre eigene Sicherheit ist es äußerst wichtig, dass der Sattel von einem professionellen Sattler korrekt angepasst wird. Der Sattel muss Ihr Gewicht gut verteilen und dem Ponyrücken angepasst sein.

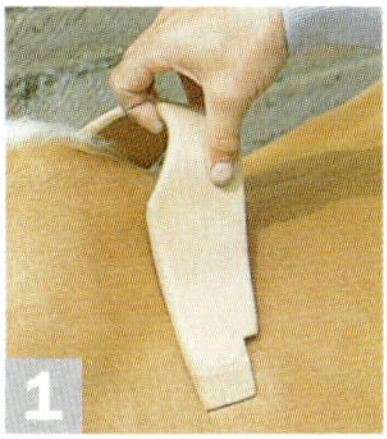

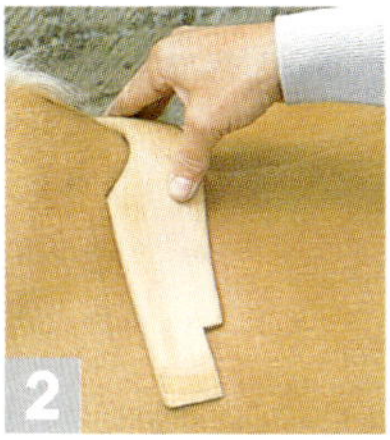

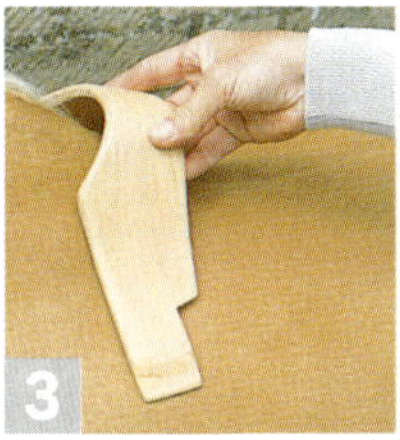

LINKS: *Für die richtige Gewichtsverteilung muss die Vorderwölbung des Sattels gut passen.*
1 Sie ist zu schmal.
2 Sie ist zu weit.
3 Sie hat die richtige Größe für das Pony.

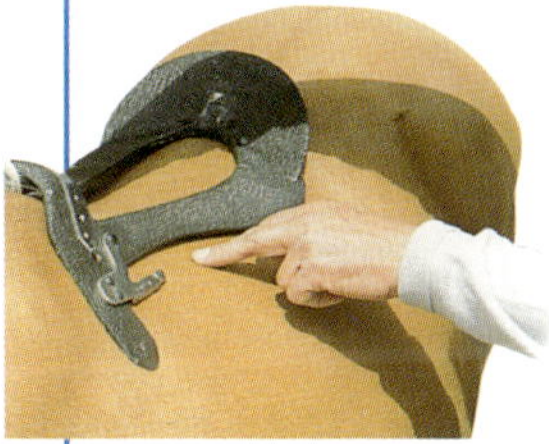

LINKS: *Der Sattelbaum (mit der Vorderwölbung) muss exakt der Form des Ponyrückens angepasst sein.*

LINKS: *Dieser Sattel ist zu weit. Wenn Ihr Gewicht über der Vorderwölbung liegt, kippt der Sattel nach vorn; Ihr Gewicht wird dabei nach vorn verlagert.*

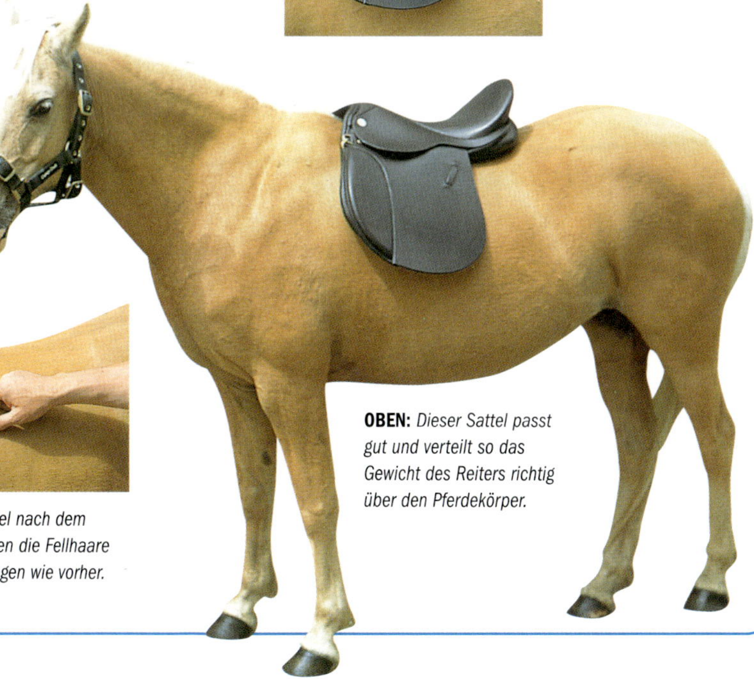

OBEN: *Dieser Sattel passt gut und verteilt so das Gewicht des Reiters richtig über den Pferdekörper.*

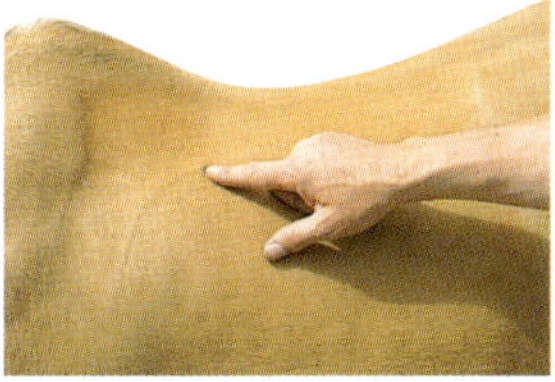

OBEN: *Wird der Sattel nach dem Reiten entfernt, sollten die Fellhaare genauso natürlich liegen wie vorher.*

SATTELN

Wenn Sie nicht im Stall satteln, binden Sie das Pony entweder an oder lassen es während des Sattelns von jemandem halten. Das richtige Anlegen des Sattels und Festziehen des Gurtes ist äußerst wichtig – nicht nur für Ihre Bequemlichkeit und Sicherheit, sondern auch um zu verhindern, dass das Pony wunde Stellen bekommt.

1 Nähern Sie sich dem Pony von links und reden Sie dabei sanft mit ihm. Der Sattel liegt mit dem Sitz auf Ihrem rechten Unterarm.

2 Legen Sie den Sattel mit der Satteluntерlage (wenn Sie eine benutzen) sanft auf den Widerrist und schieben Sie ihn von dort nach hinten in die richtige Position.

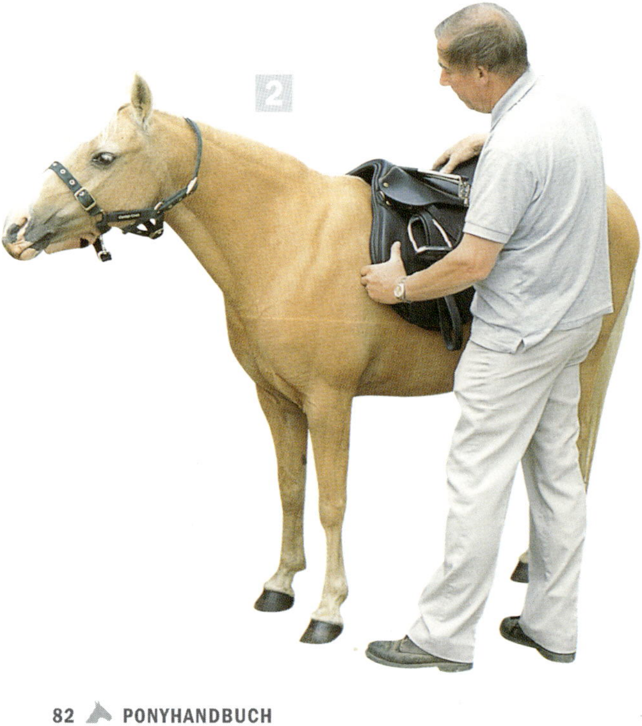

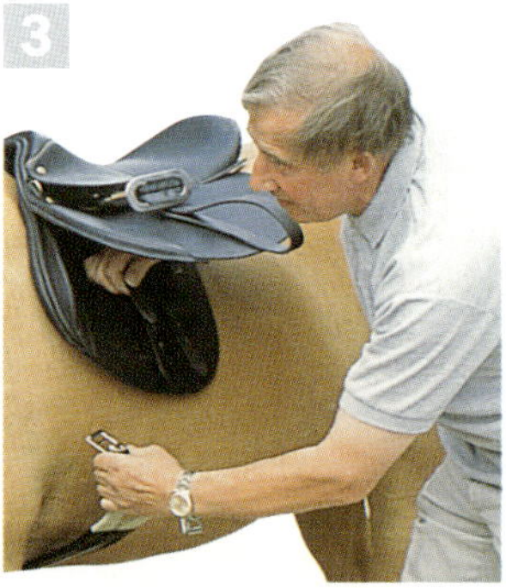

3 Gehen Sie zur anderen Seite und lassen Sie den Sattelgurt herunter. Dann kehren Sie zur linken Seite zurück und greifen den Sattelgurt unter dem Ponybauch.

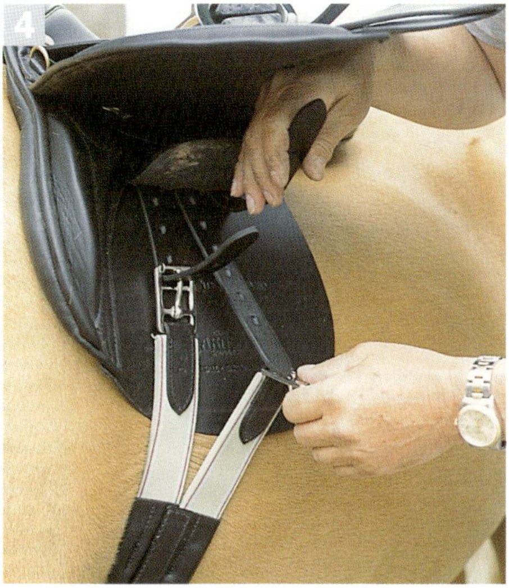

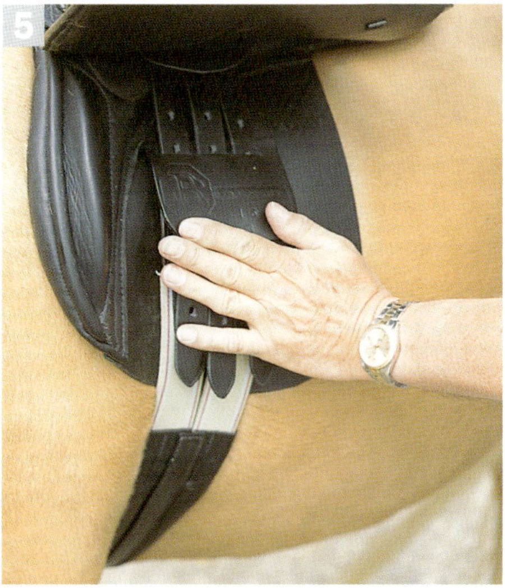

4 Befestigen Sie den Sattelgurt behutsam. Ziehen Sie zuerst den vorderen Gurt vorsichtig durch die Schnalle und haken Sie ihn am ersten Loch ein. Schieben Sie einen Finger zwischen Gurt und Bauch, um Hautfalten zu glätten.

5 Fixieren Sie den hinteren Gurt und ziehen Sie das Schutzleder über die Schnallen.

6 Prüfen Sie noch einmal, ob der Gurt fest genug ist und keine Hautfalten eingeklemmt sind, bevor Sie die Steigbügel herunterziehen. Nach dem Aufsitzen wird der Sattelgurt nochmals kontrolliert.

7 Hier sehen Sie einen gut passenden Sattel mit Gurt und Steigbügel in korrekter Lage.

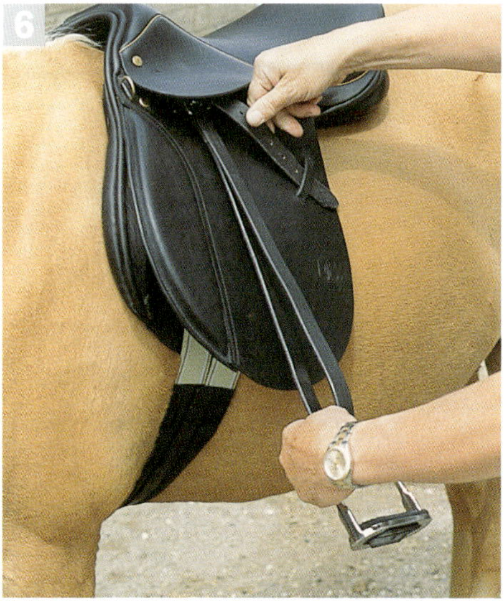

Zaumzeug und Gebisse

Die Kontrolle und Steuerung des Ponys wird u. a. mit einem speziellen Geschirr, z. B. der Trense, vollzogen, das die Hände des Reiters mit dem Pferdekopf, vor allem mit dem Maul, verbindet. Es gibt eine Vielzahl verschiedenster Mundstücke; jedes davon ist für eine andere Reitart und einen anderen Ponytyp geeignet.

Gebisse

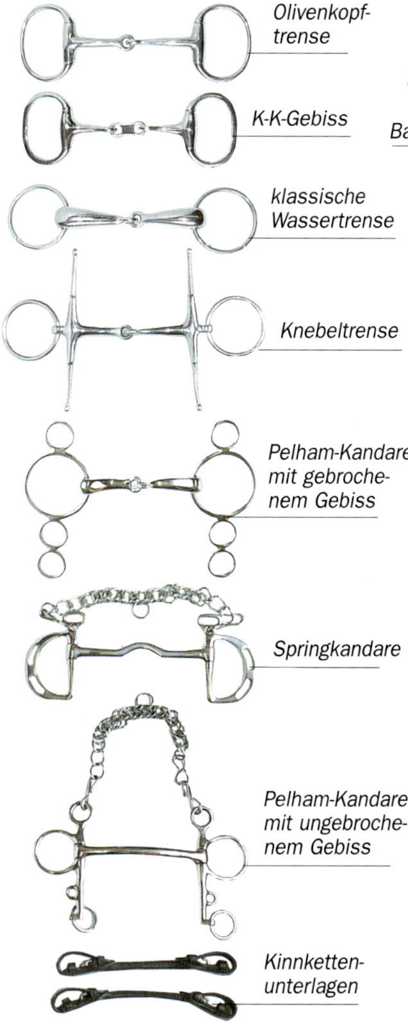

Geschirr

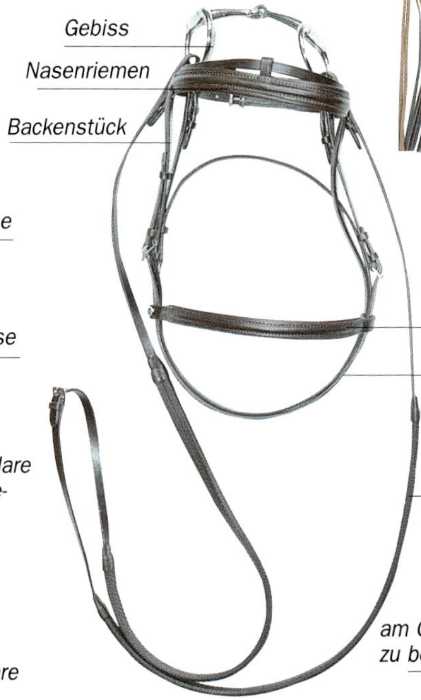

Fliegenschutz

passend zum Stirnriemen

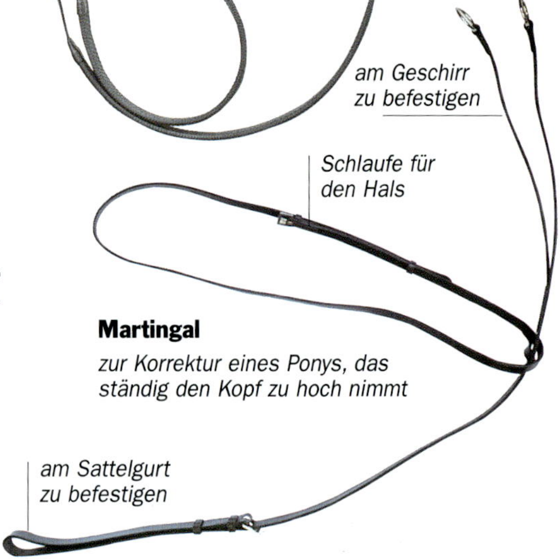

Martingal

zur Korrektur eines Ponys, das ständig den Kopf zu hoch nimmt

EIN GESCHIRR ANPASSEN

Für das Wohlbefinden des Pferdes und für die Sicherheit des Reiters ist es wichtig, dass eine Trense korrekt passt, weder zu groß noch zu klein ist, weder zu lose noch zu fest sitzt. Dies können Sie mit einigen einfachen Handgriffen überprüfen. Das beste Mundstück ist dasjenige, das dem Tier bei aller notwendiger Kontrolle die meiste Freiheit lässt; welchen Gebisstyp Sie wählen, hängt von der Kraft und dem Temperament des Ponys ab.

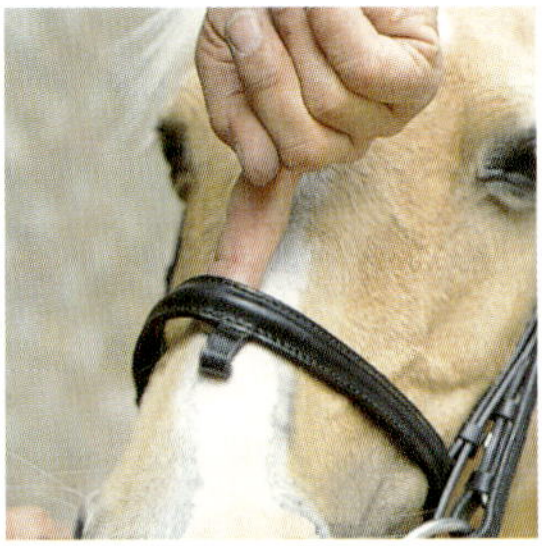

OBEN: *Prüfen Sie, ob der Nasenriemen nicht zu stramm sitzt. Wenn kein Finger mehr unter den Riemen passt, könnte er in die Nase des Ponys einschneiden.*

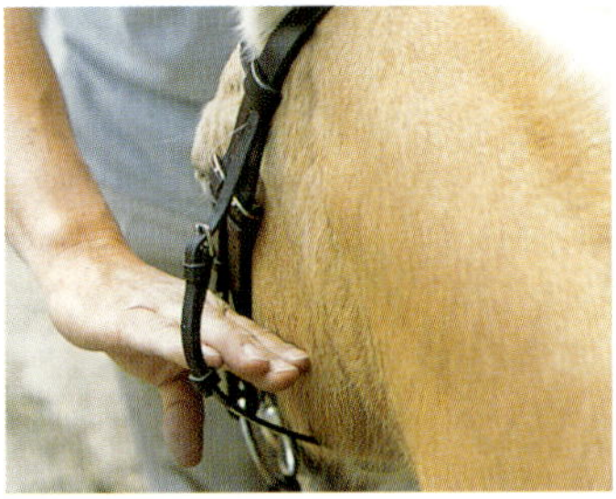

OBEN: *Überprüfen Sie den Kehlriemen. Wenn er korrekt sitzt, sollten Sie ihre Hand seitlich dazwischenschieben können.*

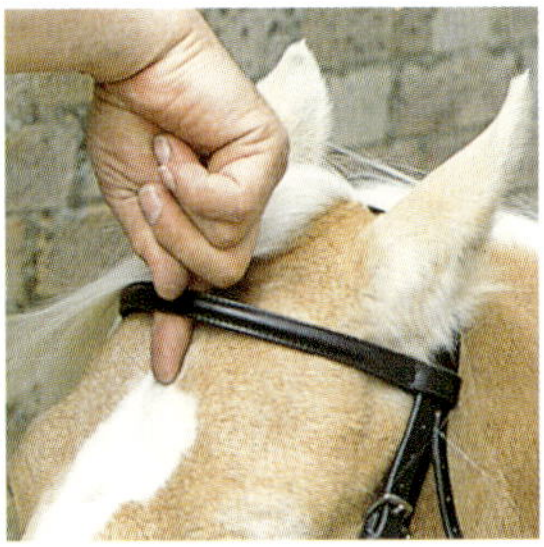

OBEN: *Ein Finger sollte zwischen Ponykopf und Stirnriemen passen.*

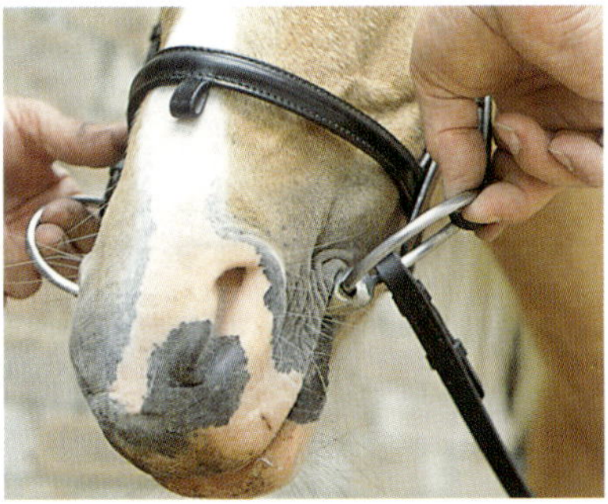

OBEN: *Zwischen Ponymaul und dem Ende des Mundstücks sollte auf jeder Seite ca. 6 mm Platz sein.*

RECHTS: *Das Gebiss sollte immer gut in das Maul passen.*

AUFZÄUMEN

Die Trense, ein komplizierter Apparat aus Lederriemen um den Kopf des Ponys, muss gut passen und sollte gut gepflegt werden – damit das Pony sich wohl fühlt und Sie auf seinem Rücken sicher sind. Fragen Sie immer einen erfahrenen Reiter oder einen professionellen Sattler um Rat, wenn Sie die erste Trense für Ihr Pony kaufen.

1 Stehen Sie auf der linken Seite des Ponys und legen Sie ihm die Zügel über den Hals.

2 Halten Sie die Trense vor den Kopf des Ponys und schieben Sie mit der linken Hand das Gebiss sanft in sein Maul.

3 Ziehen Sie dem Pony das Kopfstück über das eine, dann über das andere Ohr.

4 Fixieren Sie den Kehlriemen so, dass ein vier Finger breiter Zwischenraum bleibt.

5 Prüfen Sie, ob das Mundstück auf der richtigen Höhe liegt. Mithilfe des Backenstücks lässt es sich korrigieren.

6 Überprüfen Sie Nasenriemen und Kopfstück. Schließen Sie den Nasenriemen so, dass noch zwei Finger darunter passen. Schieben Sie alle losen Enden der Verschlüsse in ihre Halterungen.

7 Eine korrekt angelegte und gut sitzende Trense; eine zu locker angelegte Trense kann zu Unfällen führen, eine zu fest angelegte Trense ist schmerzhaft für das Pony.

Fünftes Kapitel

Umgang mit dem Pony

Der wichtigste Aspekt in der Pferdehaltung ist sicherlich, dass Sie lernen, mit Sachkenntnis und Umsicht mit dem Tier umzugehen. Wenn ein Pony und sein Besitzer ein glückliches, harmonisches Duo bilden, ist das das Resultat einer altbewährten Methode – der sanften Anwendung von Berührung, Stimme und Blickkontakt. Durch die Kommunikation zwischen Mensch und Tier entsteht eine ganz persönliche Beziehung.

Sich dem Pony nähern

Wie viele andere Tiere haben auch Ponys nicht viel für unberechenbare, sprunghafte, aufgeregte oder laute Menschen übrig. Sie sind sensible, wachsame Naturen und stammen von Vorfahren ab, die jederzeit bereit sein mussten, auf Verfolger zu reagieren. Laute Menschen, die herumhetzen, die Fassung verlieren, böse oder ungeduldig werden, machen sie nervös und unwillig. Es kann gut sein, dass ihr hoch entwickelter Geruchssinn sie befähigt, Veränderungen in der chemischen Zusammensetzung unseres Körpergeruchs wahrzunehmen, wenn wir gereizt, gestresst oder ängstlich sind – Gerüche, die unsere schwachen menschlichen Nasen nicht wahrnehmen können, die aber die Gemütsruhe der Pferde stören.

Es ist also bei jedem Kontakt mit einem Pony wichtig, ruhig, gesammelt, berechenbar und verlässlich zu sein, genau so, wie Sie es sich auch von Ihrem Pony wünschen. Je mehr Sie dies beherzigen, desto einfacher wird der Umgang mit dem Tier.

IM STRASSENVERKEHR

Seien Sie immer äußerst vorsichtig. Kraftfahrzeuge und ihre Fahrer können Ponys sehr erschrecken. Leider drosseln nicht alle Fahrer ihre Geschwindigkeit, wenn Pferde in der Nähe sind.

Diese Sicherheitsregeln gelten auf der Straße:

- **Gehen Sie immer auf der rechten Seite der Straße, wenn möglich auf dem Grasstreifen.**
- **Am besten geht das Pony im Schritt oder im Trab. Galopp ist tabu, ebenso leichter Kantergalopp auf Asphalt. Traben Sie nicht bergab.**
- **Lassen Sie das Pony im Schritt um Kurven gehen.**
- **Im Zweifel führen Sie das Pony. Gehen Sie dabei zwischen dem Pony und den fahrenden Autos. Sprechen Sie zum Tier.**
- **Halten Sie Abstand zu Bahnübergängen, wenn ein Zug kommt. Ponys haben meist Angst vor lauten Zügen.**
- **Gegenüber Autofahrern helfen höfliche Gesten, wenn Sie sie um Vorsicht bitten oder sich bei ihnen bedanken wollen.**

Wenn Sie sich einem Pony nähern, dann möglichst seitlich aus einer Entfernung von mindestens einer Pferdelänge, niemals von hinten oder direkt von vorn – den toten Winkeln des Pferdes. Sprechen Sie zu dem Tier, während Sie sich beständig nähern, dann tätscheln und streicheln Sie es. Ponys erkennen schnell bestimmte Worte wieder, z.B. Kommandos wie „Geh weiter", „Zurück" oder, wenn Tadel notwendig ist, „Nein". Loben Sie es bei den entsprechenden Gelegenheiten in sanftem Tonfall. Ein korrigierendes „Nein" sagen Sie fest und ernst, aber schreien Sie es nicht. Wenn Sie immer konsequent sind, wird das Pony schnell die Grundregeln guten Benehmens lernen.

Belohnungen in Form von Würfelzucker etc. sollten nicht ständig gegeben werden, sondern nur von Zeit zu Zeit, insbesondere wenn das Pony in irgendeiner Weise kooperiert, etwa wenn es sich auf der Weide einfangen lässt.

UNTEN: *Drei gute Freunde kehren nach Hause zurück. Bleiben Sie immer ruhig und gelassen im Umgang mit Ponys.*

DAS SOLLTEN SIE NIE TUN:

- **Schlagen Sie das Tier nicht und greifen Sie nicht nach ihm.**
- **Binden Sie den Führstrick nicht um Ihr Handgelenk. Wenn das Pony durchgeht, könnten Sie mitgeschleift und ernsthaft verletzt werden.**
- **Binden Sie das Pony an kein bewegliches Objekt, z.B. ein Gatter, an. Binden Sie es nicht so kurz an, dass es seinen Kopf nicht mehr frei bewegen kann. Lassen Sie es nicht allein, wenn es angebunden ist. Verwenden Sie einen Panikhaken und binden Sie den Strick mit einem schnell zu öffnenden Sicherheitsknoten fest.**
- **Richten Sie ihre Finger beim Füttern von Leckerbissen nicht nach oben – das Pferd könnte sie irrtümlich für Futter halten! Halten Sie die Hand absolut flach beim Füttern.**

EIN HALFTER ANLEGEN

Ob ein Pony und sein Besitzer ein gutes Verhältnis zueinander haben, sieht man spätestens dann, wenn das Pony angeschirrt werden soll. Das Anlegen des Halfters sollte keine willkürliche, unvorhersehbare Konfrontation sein, sondern ein schnelles, ruhiges, kontrolliertes und harmonisches Zusammentreffen guter Freunde.

1 Nähern Sie sich dem Pony von der Seite. Seien Sie ruhig, entspannt und reden Sie sanft zum Tier.

2 Legen Sie anschließend den Führstrick über seinen Hals.

3 Führen Sie das Halfter ruhig zum Kopf, nicht hektisch oder ruckartig.

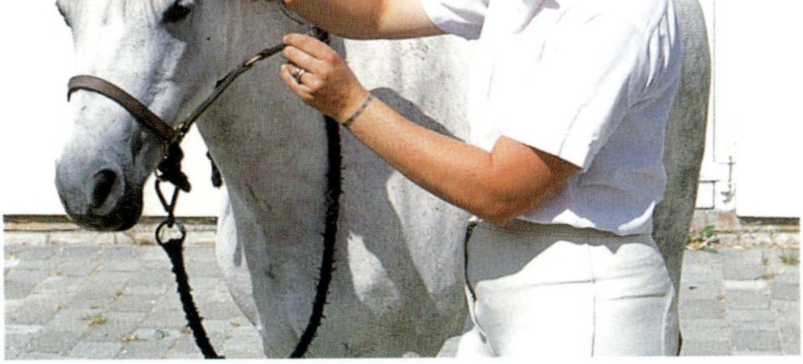

4 und 5 Legen Sie den Kopfriemen an und prüfen Sie, ob alle Teile des Halfters richtig sitzen. Sie dürfen weder zu eng noch zu locker sein.

FÜHREN

Normalerweise wird ein Pony auf der linken Seite geführt, obwohl nichts falsch daran ist, es von rechts zu führen. Mit der rechten Hand wird der Führstrick 20 bis 30 cm vom Maul entfernt gehalten, das Strickende liegt in der linken Hand.

- Gehen Sie immer neben dem Pony – niemals hinter oder vor ihm.
- Wickeln Sie den Führstrick nicht um Ihre linke Hand oder ihren Arm.
- Gewöhnen Sie Ihr Pferd daran, immer von der linken oder von der rechten Seite geführt zu werden.

Wenn Sie das Pony auf einer Straße führen, sollten Sie zwischen dem Tier und den fahrenden Autos gehen. Gehen Sie mit dem Pony immer auf der rechten Seite der Straße.

OBEN: *Normalerweise werden Ponys von links geführt. Die rechte Hand hält die Zügel 20 bis 30 cm vom Pferdemaul entfernt.*

OBEN: *Auf Straßen sollten Sie immer zwischen dem Pony und den Autos gehen.*

RECHTS: *Halten Sie sich immer auf der rechten Seite der Straße in Fahrtrichtung – wenn möglich auf dem Randstreifen.*

WENDEN

Sie werden ein Pony oft wenden müssen, besonders wenn Sie seinen Gesundheitszustand überprüfen wollen. Wie bei allem, was mit Pferden zusammenhängt, gibt es auch hier eine richtige und eine falsche Vorgehensweise.

1 Halten Sie das Pony beim Wenden recht nah am Maul.

2 Drehen Sie das Pony immer weg von Ihnen. Wenn Sie es zu sich drehen, riskieren Sie, dass es Ihnen auf die Füße tritt.

3 Vergessen Sie nicht, während des Wendens mit ihm zu reden.

FREILASSEN

Dieser scheinbar simple Vorgang muss immer korrekt erfolgen, damit mögliche Missgeschicke und Unfälle vermieden werden.

1

1 Gehen Sie ein Stück vor ihrem Pony (ohne es loszulassen), um an den Verschluss des Gatters zu gelangen.

2

2 Öffnen Sie das Gatter so weit, dass Sie beide hindurchpassen, und führen Sie das Pony auf die Weide, wobei Sie es weiter gut festhalten.

3 Schließen Sie das Tor, während Sie das Pony mit der anderen Hand weiter halten. Führen Sie es einige Schritte auf die Weide, dann drehen Sie es mit dem Kopf zum Gatter. Lassen Sie es einen Moment so stehen, danach streifen Sie den Kopfriemen des Halfters ab und lassen es frei.

3

1

2

3

EINFANGEN

Genau wie draußen spielende Kinder mögen manche Ponys manchmal lieber nicht geholt werden. Es ist ein schöner Tag, das Gras ist gerade besonders lecker, mein alter Freund und ich genießen es, uns gegenseitig am Fell zu knabbern – also warum sollte ich mit meinem Besitzer gehen, wer weiß wohin?

Einige Ponys sind immer leicht einzufangen – doch es gibt auch schwierige Tiere. Was tun? Versuchen Sie nie, es zu jagen oder in die Ecke zu treiben. Es wird seinen Spaß daran haben, und es ist flinker als Sie. Haben sie Geduld und halten Sie Belohnungen wie Würfelzucker bereit. Loben und streicheln Sie es immer, wenn Sie schließlich Erfolg haben.

1 Nähern Sie sich dem Pony langsam und stetig – niemals hektisch – von der Seite, wobei Sie das Halfter hinter Ihrem Rücken oder nah am Körper halten.

2 Ruhig zu ihm sprechend, legen Sie den Führstrick über seinen Hals und streifen ihm das Halfter über.

3 Ziehen Sie den Kopfriemen fest. (Ponys, die sich durchweg schlecht fangen lassen, können mit einem Halfter auf die Weide gelassen werden, an dem ein ca. 30 cm langer Strick hängt.)

WARNUNG:

Wenn Sie in der Absicht zur Weide kommen, Ihr Pony anzuschirren und zu holen, und es bereits passenderweise beim Weidetor steht, lassen Sie sich nicht in einem Anfall von Bequemlichkeit dazu hinreißen, sich einfach über das Gatter zu lehnen, um ihm das Halfter anzulegen. So passieren Unfälle!

Sechstes Kapitel

Gesundheit

Ponys sind im Allgemeinen gesunde und muntere Tiere und nicht anfällig für Gebrechen. Bei guter Pflege und Ernährung leben sie länger und brauchen seltener einen Tierarzt als die meisten anderen Haustiere. Gibt es doch einmal Beschwerden, haben diese oft mit der speziellen Anatomie und Physiologie der Pferde zu tun. Der verantwortungsvolle Besitzer weiß, worauf er achten muss; er hat grundlegende Kenntnisse in Erster Hilfe, zögert aber nicht, ggf. professionelle Hilfe hinzuzuziehen. Der Tierarzt ist ein wichtiger Partner, wenn es um das Wohlergehen Ihres Ponys geht. Ziehen Sie einen Arzt, der viel mit Pferden zu tun hat, demjenigen vor, dessen Patientenschaft zu 99 Prozent aus Kleintieren besteht. Verlassen Sie sich beim Kauf eines Ponys auf den Rat Ihres Tierarztes, und lassen Sie ihn mindestens einmal im Jahr für die Routineimpfungen kommen.

Gesundheit

Ebenso wie Sie bemerken, wenn ein Angehöriger oder Freund sich nicht wohl fühlt, sehen Sie Ihrem Pony ein Unwohlsein an. Wenn Sie sich schon eine Weile kennen, wird es ihnen nicht schwer fallen zu erkennen, dass es nicht ganz auf der Höhe ist. Nehmen Sie sich immer einige Augenblicke Zeit, Ihr Pony zu untersuchen, wenn Sie zu ihm gehen. Sehen Sie es sich an, hören Sie auf seine Geräusche und – wie Sie es natürlich immer tun sollten, wenn Sie sich ihm nähern – berühren Sie das Tier. Am besten machen Sie einen täglichen Routine-Check.

TÄGLICHE CHECKLISTE

- **Nehmen Sie ein wenig Abstand und betrachten Sie das Pony. Ist es wach, heiter und freut es sich, Sie zu sehen? Sind seine Körperhaltung und sein allgemeines Verhalten normal?**
- **Ist das Fell trocken und glänzend? Oder ist es stumpf oder verschwitzt?**
- **Frisst das Pony seine normalen Futterrationen mit Appetit?**
- **Horchen Sie auf die Atmung. Ist sie normal oder hören Sie trockenen Husten oder pfeifendes Atmen?**
- **Gibt es Ausfluss an Augen und Nüstern? Sind die Schleimhäute an Augenlidern, Nüstern und Maul feucht und blassrosa oder farblos, sehr rot oder trocken?**
- **Beobachten Sie das Pony: Uriniert es ohne große Anstrengung, ist der Urin klar und blassgelb? Hat der Kot eine normale Konsistenz – weder zu fest noch breiig oder halbflüssig?**
- **Steht und läuft ihr Pony normal? Untersuchen Sie, ob die Beine fest oder geschwollen sind. Sind beide Vorder- und Hinterbeine jeweils symmetrisch?**

Verhalten
Steht das Pony normal, hat es einen lebhaften Blick und nimmt es seine Umgebung und Sie mit Interesse wahr?

Kopf
Ist das Pony ungewöhnlich nervös?

Augen und Nüstern
Die Schleimhäute sollten rosarot und feucht sein.

Anus
Im Zweifel messen Sie die Temperatur, bevor Sie den Tierarzt verständigen (s. S. 102).

Haut
Die Deckhaare dürfen nicht abstehen oder stumpf sein. (Ein dickes Winterfell wird natürlich nicht so glänzen wie ein Sommerfell.)

Brust
Achten Sie auf Husten oder pfeifende Atemgeräusche.

Bauch
Das Pony sollte nicht nach seinem Bauch treten.

Beine
Fahren Sie mit Ihren Händen über die Beine, um Schwellungen oder Verletzungen zu entdecken.

Gesundheitspflege

TEMPERATUR MESSEN

Sie können Pferden das Thermometer nicht einfach unter die Zunge oder zwischen Vorderbein und Brust schieben. Legen Sie ein Halfter oder ein Zaumzeug an und bitten Sie jemanden, das Tier festzuhalten. Stellen Sie sich dicht an das linke Hinterbein und schieben Sie mit einer Hand den Schweif beiseite. Führen Sie ein gewöhnliches Fieberthermometer, das mit Vaseline oder Olivenöl gleitfähiger gemacht wurde, sanft in den Anus ein. Dann drücken Sie das andere Ende zur

DEN PULS MESSEN

Der Puls beträgt in Ruhe normalerweise 35 bis 40 Schläge pro Minute. Er wird mit Zeige- und Mittelfinger unter dem Kieferknochen gemessen; die Arterie pulsiert direkt an der Innenseite des Kiefers. Das Messen erfordert jedoch einige Übung.

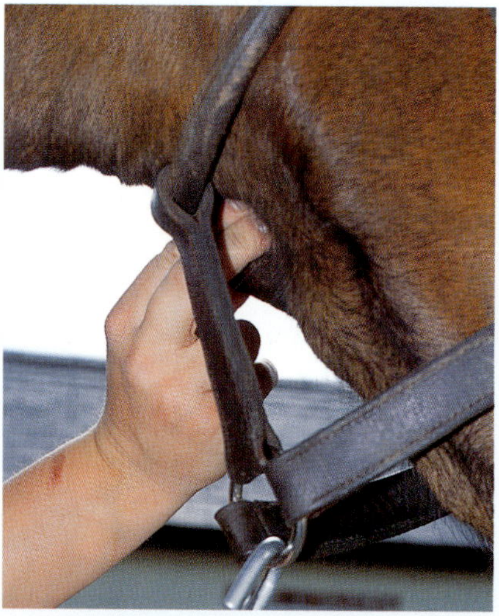

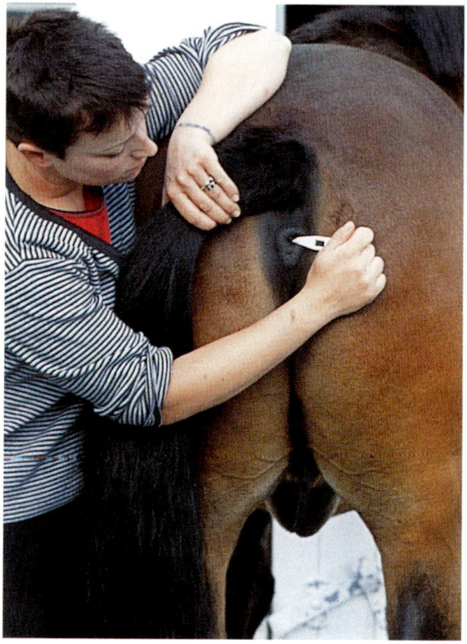

OBEN: *Beim Messen der Temperatur halten Sie den Schweif beiseite, führen das geölte Thermometer sanft in den After und drücken es dann gegen die Darmwand, damit es nicht wegrutschen kann.*

Seite, sodass die Thermometerspitze gegen die Darmwand gepresst wird und nicht wegrutschen kann. Die normale Körpertemperatur von Ponys liegt bei 38 Grad Celsius.

DAS MAUL UNTERSUCHEN

Wollen Sie einem Pferd ins Maul schauen, z. B. um die Zähne zu untersuchen, trägt das Tier ein Halfter oder Geschirr und sollte möglichst von einer anderen Person festgehalten werden. Stehen Sie an der linken Seite. Führen Sie Ihre Hand zwischen die Lippen und hinter den Schneidezähnen ins Maul. Dort sind die Laden, große zahnlose Bereiche. Fassen Sie die glitschige, feuchte Zunge – es fühlt sich an, als würden Sie

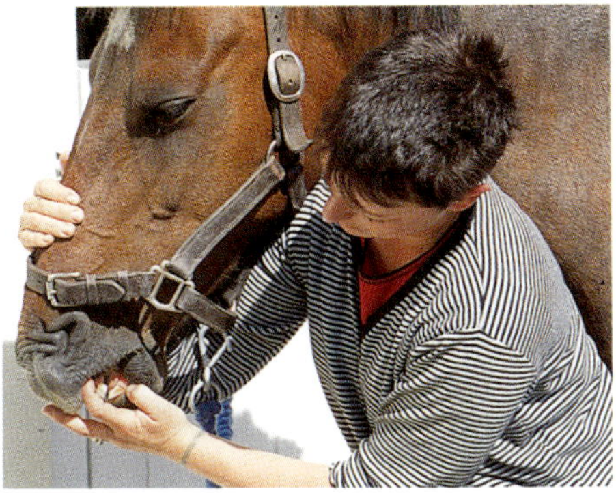

OBEN: *Bei der Untersuchung des Mauls halten Sie den Kopf gut fest.*

nach einem sich windenden Aal greifen. Sanft, aber fest ziehen Sie die Zunge zwischen den Lippen an ihrer Seite heraus und halten sie fest. Mit der Zunge können Sie behutsam das Maul „aufhebeln" und so einen Blick ins Innere werfen. Eine Taschenlampe ist oft nützlich. Wenn Sie kein Experte sind, sollten Sie Ihre andere Hand keinesfalls in den Raum zwischen die Backenzähne stecken. Sie können leicht schmerzhaft gebissen werden, wenn die Zunge sich dem Griff der anderen Hand entwindet – und selbst dann, wenn Sie die Zunge weiter festhalten.

DAS PONY IM ZAUM HALTEN

Manchmal ist es nötig, ein Tier ruhig zu halten – z. B. wenn der Tierarzt eine Injektion gibt oder es untersuchen muss. Heben Sie dazu ein Vorderbein des Tieres an, stehen Sie dicht beim Tier und blicken Sie zum Hinterteil. Wie Sie ein Vorderbein korrekt anheben, wird auf S. 74 erklärt.

Zu beschreiben, wie ein Tier mit Vorrichtungen wie der Nasenbremse ruhig gestellt wird, fällt aus dem Rahmen dieses Buches. Dies sollte sehr selten nötig sein und Experten vorbehalten bleiben. Viele der früheren Methoden – Fußfesseln, Maulsperren, Knebel – wurden überflüssig gemacht durch moderne Betäubungs- und Beruhigungsmittel, die der Tierarzt bei Bedarf verabreicht.

MEDIZIN VERABREICHEN

Viele Erkrankungen der Pferde behandelt der Tierarzt heutzutage mit Injektionen. Medikamente, die oral eingenommen werden müssen, gibt es meist in Form von wohlschmeckenden oder neutralen Granulaten, die unters Kraftfutter gemischt werden. Ponys haben jedoch ein hervorragendes Geschmacksempfinden und schöpfen trotzdem oft genug Verdacht. Das Hinzufügen von Marmelade oder Sirup kann dann helfen, den medizinischen Geschmack zu überdecken. Ein anderer Trick ist, die Medizin mit geschmolzener Schokolade zu verrühren, das Ganze im Kühlschrank wieder fest werden zu lassen und die Süßigkeit anschließend mit Unschuldsmiene anzubieten.

Das Einflößen flüssiger Medizin ist nicht so einfach, wie es klingt. Meist ist man völlig durchnässt, und nur wenig der Flüssigkeit – oder gar nichts – ist in das Maul des Ponys gelangt. Doch wenn Sie Ihrem Tier wirklich etwas einflößen müssen, versuchen Sie, es dabei nicht zu ertränken. Lassen Sie es von einem starken, verlässlichen Helfer am Halfter festhalten; der Kopf des Ponys sollte so hochgereckt sein, dass er eine gerade Linie mit dem Hals bildet. Verwenden Sie eine metallene oder mit Leder ummantelte Flasche, denn es besteht die Gefahr, dass die starken Zähne selbst den stärksten Flaschenhals aus Glas durchbeißen. Drücken Sie den Flaschenhals in den Raum zwischen Schneide- und Backenzähnen und drehen sie die Flasche dann in Richtung Schlund. Gießen Sie immer nur ein wenig Flüssigkeit auf einmal ins Maul, damit dem Tier Zeit zum Schlucken bleibt. Die Zunge darf nicht festgehalten werden. Gehen Sie mit Ruhe und Gelassenheit vor, um zu vermeiden, dass Flüssigkeit in die Luftröhre gelangt.

BANDAGIEREN

Eine stabile Bandage anzulegen ist nötig, wenn die Beine des Ponys Schutz brauchen. Halten Sie mit einer Hand das Bandagenende (das ohne Klettverschluss oder Bänder zum Zuschnüren) an das Bein und wickeln Sie die Bandage mit der anderen Hand rundherum, wobei die obere Lage die untere jeweils zu zwei Dritteln überlappen sollte und keine Falten entstehen dürfen. Zuletzt wird die Bandage an der Außenseite ordentlich und fest verknotet. Der Knoten darf beim Reiten nicht aufgehen!

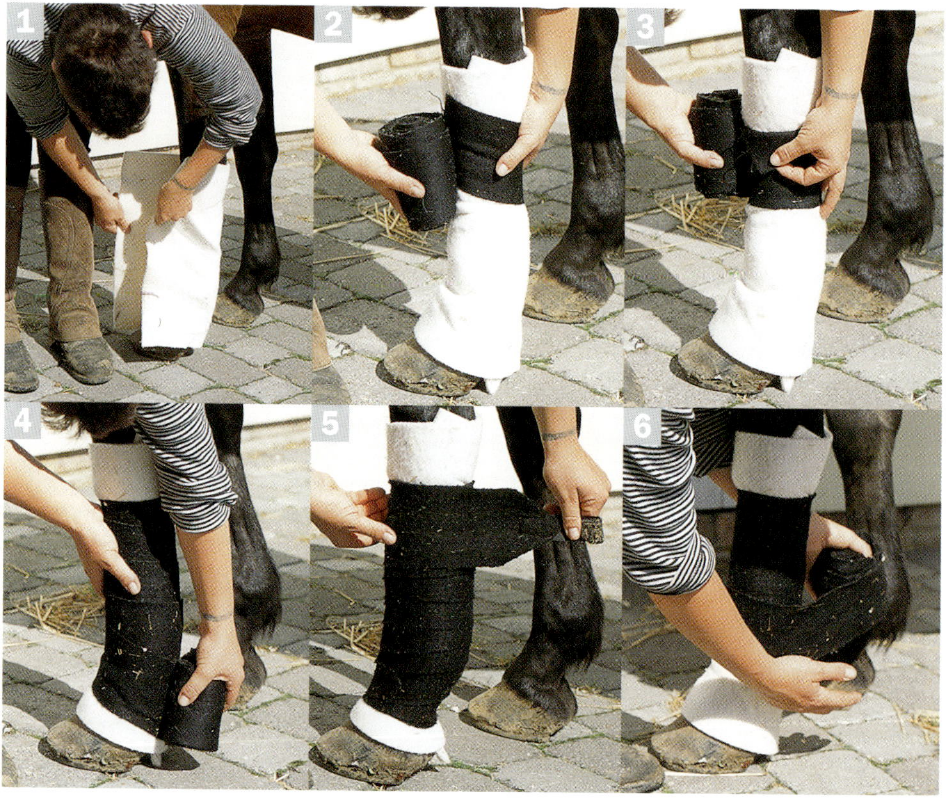

1 Legen Sie immer eine Lage Polsterstoff unter die Bandage. Prüfen Sie vor dem Bandagieren, ob er gut und faltenlos liegt.

2 Vor Beginn ist die Bandage gebrauchsfertig aufgerollt.

3 Halten Sie das Bandagenende mit der einen Hand und wickeln Sie die Bandage langsam fest um das Bein.

4 Jede Lage der Bandage sollte die vorhergehende zu zwei Dritteln überlappen.

5 Beginnen Sie am besten oben an der Polsterung. Haben Sie den unteren Rand erreicht, wickeln Sie wieder nach oben.

6 Schließen Sie die Bandage – fest, aber nicht zu eng – mit den Bändern oder dem Klettverschluss. Sie sollten noch einen Finger zwischen Bein und Bandage stecken können.

Gamaschen

Mit Gamaschen können die Beine des Ponys vor Verletzungen geschützt werden; diese können z. B. auftreten, wenn das Tier springt, wenn es dazu neigt, mit einem Bein das andere zu streifen („Streichen“) oder wenn es beim Laufen mit den Hinterhufen an die Vorderbeine schlägt („Greifen“).

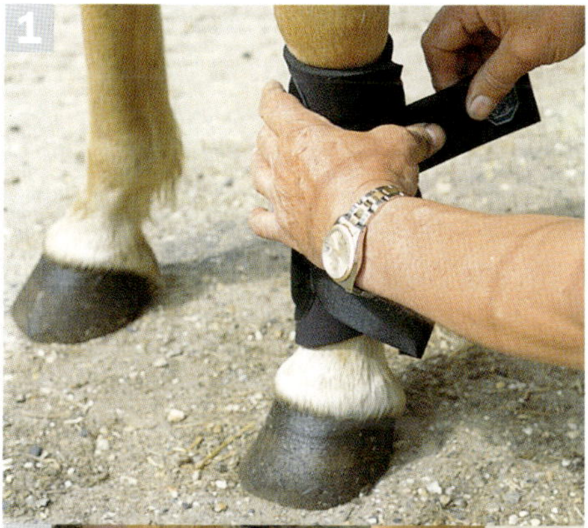

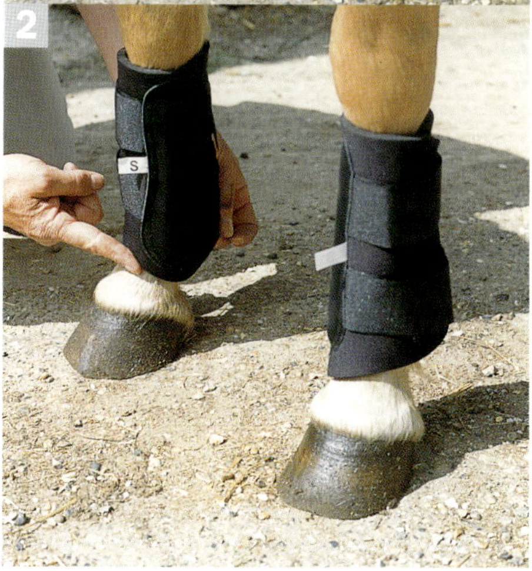

1 Genau wie Bandagen sollten auch Gamaschen bequem und fest, aber nicht zu eng sitzen. Sie sollten noch einen Finger darunter stecken können.

2 Befestigen Sie die Schnallen oder Klettverschlüsse immer an der Außenseite des Beins.

BEINSCHÜTZER

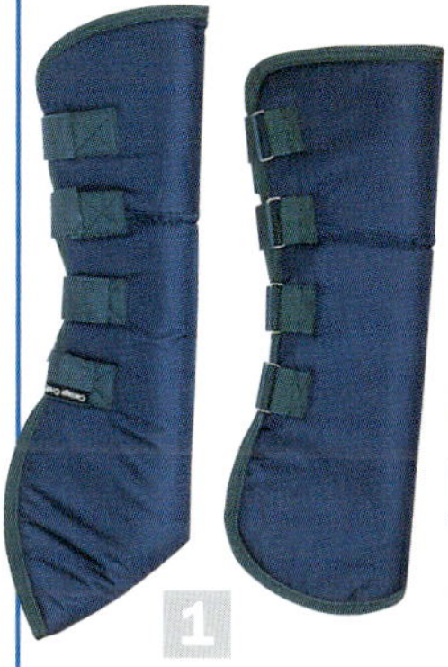

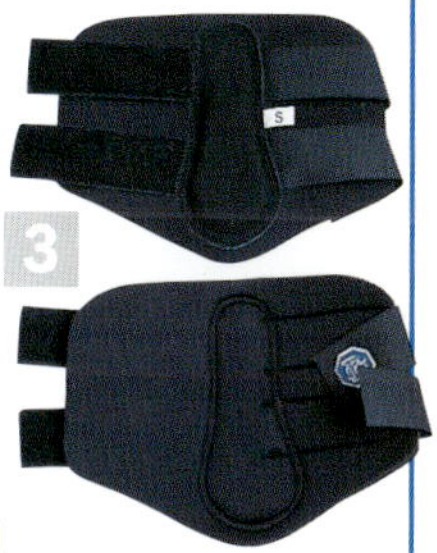

1 Reisegamaschen
Sie polstern die Beine und schützen vor Stößen und Schrammen, wenn das Pony transportiert wird.

2 Springglocken Sie werden nur an den Vorderfüßen verwendet, um diese vor schlagenden Hinterhufen zu schützen.

3 Streichkappen Sie werden beim Reiten eingesetzt – besonders im Gelände – und verhindern Abschürfungen, wenn das Pony mit den Beinen aneinander streift („Streichen“).

DICHT DRAN BLEIBEN

Stellen Sie sich bei jeder Untersuchung dicht an Ihr Pony. Je dichter Sie am Hinterbein stehen und sich an das Tier drücken, desto weniger laufen Sie Gefahr, sich einen gepfefferten Tritt einzufangen. Gewöhnen Sie das Pony daran, berührt zu werden. Streichen Sie regelmäßig mit Ihren Händen fest über Kopf, Hals, Rumpf und – sehr wichtig – Beine. Abgesehen davon, dass sich das Tier an Ihre Berührung gewöhnt, entdecken Sie auf diese Weise im Frühstadium Auffälligkeiten am Körper des Tiers.

Medizinische Probleme

Dieses kleine Handbuch kann kein Nachschlagewerk für den Laien zur Diagnose und Behandlung von Pferdekrankheiten sein. Die moderne medizinische Therapie von kranken Ponys ist eine komplexe professionelle Aufgabe, die dem Tierarzt überlassen bleiben sollte. Die Tage von Allheilmitteln, Aderlass und Senfpflastern sind längst vorbei – zudem ist es dem Tier gegenüber unfair und oft gefährlich, wenn nicht gar illegal, diese wertvolle Kreatur auf eigene Faust und unqualifiziert behandeln zu wollen, auch wenn man glaubt, ein wenig von Pferden zu verstehen. Die Aufgabe des Besitzers ist es, wachsam gegenüber Anzeichen von Gefahr zu sein, das Tier mit unterstützenden Maßnahmen gut zu pflegen, nachdem der Tierarzt es untersucht hat, und ansonsten durch eine gute Haltung Probleme gar nicht erst entstehen zu lassen.

Ponys haben in Bezug auf ihre Gesundheit zahlreiche Vorteile und einige wenige Nachteile gegenüber Pferden. Sie sind im Allgemeinen zäh und wenig anfällig für Krankheiten, neigen aber zu wiederkehrenden Anfällen von Lahmheit. Sie leiden nicht unter Keuchen oder Pfeifen, den häufigen Atemproblemen ihrer größeren Verwandten. Auch werden sie im Durchschnitt älter als Pferde.

KRANKHEITSANZEICHEN

Sie müssen zuerst die Persönlichkeit und das Temperament Ihres Tieres, sein Verhalten und seine generelle Einstellung dem Leben gegenüber kennen lernen. Dann werden Sie schon die ersten Anzeichen von Problemen entdecken – Veränderungen in der Routine, im Alltag. Vielleicht ist das Tier anders gelaunt, reizbar, träge, oder es bewegt sich ein wenig schwerfällig oder anders als sonst. Augenfälligere Symptome hängen mit den Hauptorganen zusammen: verändertes Aussehen der Pferdeäpfel, langsames Fressen oder Appetitmangel, Veränderungen von Atemrhythmus und -intensität, Ausfluss aus einer der Körperöffnungen oder empfindliche Stellen auf der Haut oder an den Augen. Viele Pferdekrankheiten betreffen mehr als ein Organsystem im Körper – zur Diagnose werden immer professionelle Untersuchungsmethoden benötigt.

ZAHNPROBLEME

Ihr Pony wird selten eine zahnmedizinische Behandlung benötigen – obwohl faule Zähne, Wurzelentzündungen etc. durchaus vorkommen. Die häufigsten Probleme sind, dass die Backenzähne scharfe Kanten entwickeln oder die Kauflächen abgenutzt und glatt werden. Diese Veränderungen im Zahnprofil können unangenehm sein oder einfach das Kauen erschweren. Sie treten am häufigsten bei älteren Tieren auf, kommen aber auch manchmal bei jungen Tieren vor. Symptome dafür sind langsames Fressen und die Neigung, das Futter zum Teil wieder aus dem Maul fallen zu lassen, besonders Heu. Der Tierarzt kann mit einer Zahnfeile relativ einfach scharfe Kanten abschleifen oder glatte Oberflächen aufrauen. Es ist eine einfache, schmerzlose Prozedur, die meist alle drei oder vier Monate wiederholt werden muss.

AUGENPROBLEME

Es gibt viele verschiedene Augenerkrankungen. Die häufigsten sind Entzündungen der Horn- und Bindehaut, die von Verletzungen, Fremdkörpern wie Sandkörnern oder Heugrannen oder von Bakterien ausgelöst werden können. Achten Sie auf

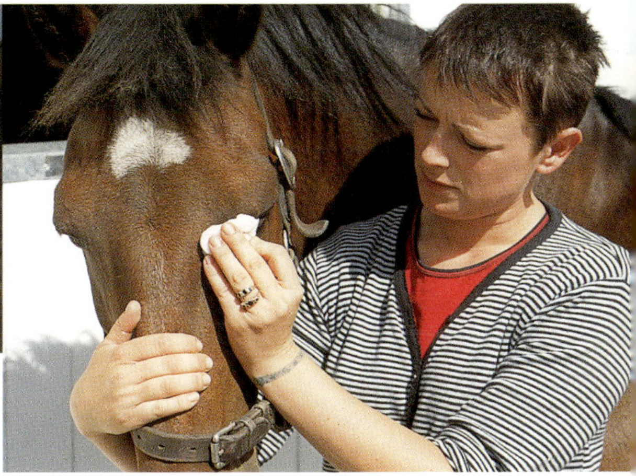

OBEN UND RECHTS: *Das Auge eines Ponys wird mit einem mit Borwasser getränkten Wattebausch ausgewaschen. Gehen Sie behutsam vor.*

Ausfluss oder übermäßiges Tränen des Auges, auf Rötungen im Augenweiß und auf bläulich milchige Verfärbungen der normalerweise transparenten Hornhaut. Beim ersten Anzeichen solcher Auffälligkeiten rufen Sie den Tierarzt und waschen das Auge vor seinem Eintreffen sanft mit Borwasser (ein Teelöffel Borsäure-Kristalle in einer Tasse Wasser auflösen). Reagieren Sie schnell und warten Sie nicht, bis sich Eiter am Auge bildet. Belästigen Fliegen das wunde Auge, bringen Sie mit Ihrem Finger ein wenig Dimethyl-Phtalein-Creme auf das Augenlid auf. Wenn das Auge sehr wund ist und stark nässt, führen Sie das Tier am besten in eine schattige Box, bis die Behandlung wirkt.

UNTEN: *Im Sommer können Sie vorsichtig eine Insekten abwehrende Salbe nah am Auge auftragen. Vorsicht, dass sie nicht ins Auge gerät.*

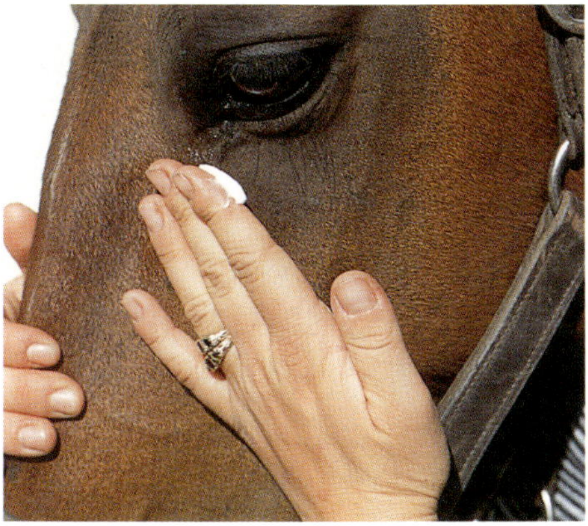

ATEMWEGSPROBLEME

Krankheiten der Atemwege sind bei Pferden häufig. Anzeichen dafür können folgende Symptome sein:

- Nasenausfluss,
- Husten,
- Trägheit,
- Schwitzen,
- Fieber,
- schnelles oder schweres Atmen.

Es gibt verschiedene Arten von Atemwegserkrankungen, jede mit anderen Ursachen und Symptomen, und so ist die frühe Diagnose äußerst wichtig für die richtige Behandlung und vollständige Heilung. Ihre Aufgabe dabei ist es, das kranke Tier in einen trockenen, warmen, aber gut belüfteten Stall zu bringen. Lassen Sie es nicht mehr arbeiten und legen Sie ihm am besten eine leichte Decke auf. Ein Kleie-Mash jeden Tag reguliert die Verdauung. Halten Sie leicht verdauliches Futter bereit, weiches frisches Heu und reichlich lauwarmes Wasser. Verschwenden

Sie keine Zeit damit, Hustenmittel oder andere Medizin zu verabreichen, bevor Sie den Tierarzt rufen.

Pferde-Influenza und bakterielle Infektionen

Verschiedene Viren können bei Pferden Krankheiten der Atemwege auslösen; die bekannteste durch Viren ausgelöste Erkrankung ist die Pferde-Influenza. Der Virus greift Ponys, Esel und Pferde an, die Tiere können jedoch mit Impfungen dagegen geschützt werden. Zunächst werden zwei Spritzen im Abstand von drei bis sechs Wochen gegeben, eine dritte Spritze folgt fünf Monate später; danach genügen jährliche Auffrischungen. Je nach verwendetem Impfstoff sind unterschiedliche Intervalle zwischen den Initialimpfungen möglich. Bakterielle Infektionen der Atemwege werden vom Tierarzt mit Antibiotika-Spritzen und anderen Wirkstoffen wie Schleimlösern behandelt. Antibiotika werden bei Pferden selten oral verabreicht, um die Darmflora nicht aus dem Gleichgewicht zu bringen. Doch Sulfonamid und ähnliche Mittel können in Pulverform mit dem Futter vermischt oder als spezieller Sirup oral verabreicht werden.

Dämpfigkeit

Dämpfigkeit bei Pferden ist ein chronisch gewordener Bronchialkatarrh als Folge des Einatmens von Staub aus verdorbenem Heu oder Stroh. Es gibt keine wirkliche Heilung, Verhütung ist die Parole – kaufen Sie kein schlechtes Heu oder Stroh, stellen Sie sicher, dass der Stall gut belüftet ist, und lagern Sie das Futter nicht über oder sehr nah an den Pferdeboxen.

Lungenwürmer

Lungenwürmer sind besonders häufig bei Eseln und können von ihnen leicht auf Stallgefährten übergehen. Esel, die neu in den Stall kommen, sollten eine Wurmkur erhalten, bevor sie mit Pferden in Kontakt kommen. Alle Esel, Ponys und Pferde eines Stalles sollten in regelmäßigen Abständen von ca. drei Monaten gemeinsam entwurmt werden.

BAUCHPROBLEME

Kolik

Die bekannteste Pferdeerkrankung ist in Wirklichkeit eine akute Verstopfung und tritt in verschiedenen Formen auf – einige sind mild, andere ernst und quälend. Die Ursachen einer Kolik liegen in der Art der Fütterung: Überfütterung, abrupte Änderungen im Speiseplan, ungeeignetes Futter wie Weizen, verdorbenes Futter, zu reichliches Tränken eines überhitzten und erschöpften Tieres, Tränken nach dem Füttern und Würmer.

Symptome Ein Pony mit einer Kolik zeigt Anzeichen von Bauchschmerzen:

- Es hört mit dem Fressen auf.
- Es sieht sich nach seinen Flanken um.
- Es tritt nach seinem Bauch.
- Es legt sich unruhig hin, steht wieder auf, legt sich wieder hin, ohne Erleichterung zu finden.
- Es kann die Hinterbeine gespreizt halten, wie um Urin zu lassen, und sich – in ernsten Fällen, in denen der Schmerz sehr stark ist – hin und her werfen.

Der Schmerz wird durch Verkrampfungen der Darmwände und durch Gase verursacht. Das Tier äpfelt kaum oder gar nicht. Wenn die Verkrampfungen der Därme so stark werden, dass diese sich verdrehen oder ineinander schieben und der Blutstrom unterbrochen wird, kann oft der Tod die Folge sein. Doch eine schnelle tierärztliche Behandlung der Kolik führt meist zur vollständigen Heilung.

Behandlung Ihre Aufgabe ist es, den Tierarzt zu rufen und dann zu versuchen, das Befinden

OBEN: *Dieses Pony wird mit einer leichten Decke herumgeführt, bis der Tierarzt eintrifft.*

des Tieres zu verbessern. Halten Sie es mit einer leichten Decke warm und führen Sie es umher, wenn möglich in der Halle. Wenn es sich plötzlich niederwirft, wird es sich dort weniger leicht verletzen. Obwohl der Tierarzt per Injektion oder Magenschlauch Medizin verabreichen wird, schadet es nicht, wenn Sie versuchen, Ihrem Tier vier Esslöffel der bekannten Anti-Durchfall-Mixtur für Menschen, Kaolin und Morphium, einzuflößen, die in 300 ml warmem Wasser aufgelöst wird.

Geben Sie jedoch keine Abführmittel, bevor der Tierarzt das Tier nicht untersucht hat.

Übrigens – Sie werden bemerkt haben, dass Erbrechen nicht zu den Symptomen einer Kolik (oder einer anderen Beeinträchtigung des Pferdebauchs) gehört. Dafür gibt es einen Grund: Pferde, Ponys und Esel können nicht erbrechen.

Diarrhö

Diarrhö gibt es bei Ponys sehr selten. Sie kann z. B. durch Infektionen, plötzliche Änderungen des Speiseplans, Eicheln (in großen Mengen gefressen giftig), Insektizide, verdorbenes Futter oder – am häufigsten, vor allem beim jungen Tier – durch Würmer ausgelöst werden. Diarrhö verlangt immer schnelle professionelle Behandlung. Bis der Tierarzt eintrifft, halten Sie das Tier im Stall warm; erlauben Sie ihm, so viel lauwarmes Wasser zu trinken, wie es möchte. Es schadet nichts, ihm eine Tasse Heilerde, aufgelöst in 300 ml lauwarmem Wasser, einzuflößen.

WÜRMER

Die Pferdefamilie wird von vielen Wurmarten befallen. Von den drei Hauptgruppen, den Spulwürmern (einschließlich den Lungenwürmern), den Bandwürmern und den Palisadenwürmern, verursachen die Spulwürmer die größten Probleme – manchmal führen sie sogar den Tod herbei. Die Würmer leben nicht nur in den Eingeweiden, sondern auch an anderen Orten des Körpers, etwa in den Lungen, den Sehnen, der Haut und selbst im Innern der Augen. Darmwürmer verbringen einen Teil ihres Lebenszyklus damit, über den Blutstrom durch den Körper zu wandern. Die Auswirkungen auf die Blutgefäße können ernst und plötzlich tödlich sein.

Ebenso wie Pferde werden auch Hunde, Katzen, Schafe und Rinder von ganz bestimmten Wurmarten befallen. Die jeweiligen Würmer gehen nicht auf andere Tierarten über. Die großen weißen Spulwürmer, die 30 cm lang und 6 mm dick werden können und besonders gefährlich für Fohlen sind, können im Mist leicht ausgemacht werden, doch es gibt andere Wurmarten, die noch gefährlicher und nicht so einfach zu sehen sind.

Vorbeugung Ponys sollten regelmäßig Wurmkuren erhalten, mindestens alle drei Monate. Es gibt verschiedene wirksame Wurmkuren, erhältlich beim Tierarzt oder in Apotheken. Die modernen Wurmkuren töten alle Hauptarten der gefährlichen Würmer ab. Die Kur kann als Pulver ins Futter gemischt oder als Paste mithilfe einer speziellen kleinen Einwegspritze direkt auf den hinteren Teil der Zunge gegeben werden. Damit die Würmer keine Resistenzen entwickeln können, ist es ratsam, den Wirkstoff von Zeit zu Zeit zu wechseln.

TETANUS

Tetanus (oder Wundstarrkrampf) ist eine ernste Krankheit, die manchmal beim Menschen sowie bei domestizierten und wilden Tieren auftritt; für

UNTEN: *Oft ist die Wurmkur in einer Einwegspritze (ohne Nadel) erhältlich, mit der die benötigte Menge der Paste direkt ins Maul gedrückt wird.*

Pferde stellt sie eine besondere Bedrohung dar. Die Krankheitserreger dringen durch eine Wunde in den Körper ein, meist durch einen luftabgeschlossenen, verunreinigten Einstich. Es kann jedoch auch offensichtlich unverletzte Tiere treffen, wahrscheinlich über den Darmtrakt, über Abschürfungen oder Geschwüre der Darmwände.

Symptome Die Tiere weisen eine sich verschlimmernde Steifheit auf, die durch Spasmen der Körpermuskulatur ausgelöst wird.

- Die Beine sind steif und etwas gespreizt, wie die Beine eines altmodischen Melkschemels.
- Der Schweif wird gehoben, das Augenlid schiebt sich über den Augapfel.
- Durch Spasmen der Kiefermuskeln fällt es den Tieren zunehmend schwer, das Maul zu öffnen.
- Helles Licht und Lärm verschlimmern die unwillkürlichen Muskelzuckungen.

Behandlung Mit wirksamen Behandlungsmethoden und einer sorgsamen Pflege kann etwa die Hälfte aller Tetanus-Fälle geheilt werden. Der Tierarzt wird die Krankheit behandeln, indem er versucht, die verletzte Stelle zu lokalisieren und den Ort des Eindringens der Bakterien zu desinfizieren. Er wird außerdem Antibiotika, ein Tetanus-Serum und spezielle krampflösende Medikamente verabreichen. Der Besitzer hat eine Menge zu tun; er pflegt das Tier in ruhiger Umgebung bei gedämpftem Licht, er versucht, ihm auf jede erdenkliche Art Nahrung zuzuführen und stützt den Patienten evtl. sogar mit Schlingen ab.

Vorbeugung Sie tragen die Hauptverantwortung dafür, das Risiko einer Ansteckung auszuschließen. Stellen Sie sicher, dass Ihr Tier gegen die Krankheit geimpft ist und jährliche Auffrischimpfungen erhält. Ungeimpfte Tiere, die verletzt sind, brauchen den sofortigen, aber nur kurzfristig wirksamen Schutz eines Tetanus-Serums, zusam-

IMPFUNGEN

Jedes Pony sollte gegen Tetanus (s. links) und Pferde-Influenza (s. S. 108) geimpft werden, Letzteres ganz besonders, wenn Sie von einem Ausbrechen der Krankheit in Ihrer Nähe hören. Der Tierarzt kann die Impfungen gesunden Tieren in den meisten Fällen schon ab einem Alter von drei bis vier Monaten verabreichen.

Die Wahl des richtigen Zeitpunkts für die Erstimpfung eines jungen Ponys hängt von einer Anzahl von Faktoren ab, etwa von der Frage, inwieweit ein junges Fohlen noch Antikörper gegen bestimmte Krankheiten durch die Milch der Mutterstute bekommt; der Tierarzt wird Sie beraten. Heute sind kombinierte Tetanus-Influenza-Impfungen möglich.

Sie müssen daran denken, ausgehend von der ersten Impfung den Zeitplan für Auffrischimpfungen einzuhalten, damit ein optimaler Schutz gewährleistet ist. Zu den Impfungen, die nur unter bestimmten Umständen durchgeführt werden, zählt z. B. die Impfung gegen den Pferde-Herpes-Virus, der zu einer Vielzahl von Atemproblemen sowie zu Tollwut führen kann. Diese Impfung wird in Europa normalerweise nicht routinemäßig verabreicht. Ihr Tierarzt wird Ihnen ggf. dazu raten, z. B. wenn die Tiere Weidegang in der Nähe tollwutgefährdeter Bezirke haben.

Es gibt andere, weniger häufige Beschwerden, vor denen ein Pony durch Impfung geschützt werden kann. Was immer Sie tun, wenn Sie zum ersten Mal ein Pony erstehen, sprechen Sie mit Ihrem Tierarzt über die in Ihrer Gegend sinnvollen Impfungen.

men mit der ersten Dosis einer Tetanus-Impfung, um auch eine lang anhaltende Immunität aufzubauen.

HAUTKRANKHEITEN

Es gibt zahlreiche Hautkrankheiten bei Pferden. Für auffällige Veränderungen von Beschaffenheit und Aussehen der Haut kommen viele Ursachen infrage: eingedrungene Mikroben, Parasiten vieler verschiedener Arten, Fremdkörper, Allergien, durch das Fressen bestimmter Pflanzen ausgelöste Lichtempfindlichkeit, Warzen und andere Auswüchse, Futter etc.

Parasiten

Wenn Sie Parasiten entdecken, etwa Zecken, Läuse oder (selten) Flöhe, bestäuben Sie das Fell mit Permethrin-Puder oder waschen Sie es mit einem Pferdeshampoo, das die Wirkstoffe Piperonyl und Pyrethrum enthält; beides erhalten Sie in Apotheken oder im Reitsportgeschäft. Andere Hautkrankheiten benötigen eine professionelle Diagnose.

Satteldruck

Viele wunde Stellen in der Sattelregion, natürlich besonders bei Reitponys, sind die Folge von schlecht sitzendem Sattelzeug. Kaufen Sie den besten Sattel, den Sie sich leisten können, und lassen Sie ihn von einem erfahrenen Sattler anpassen. Der Sattel sollte immer sauber gehalten werden und an einem trockenen, sauberen, ordentlichen Platz untergebracht sein. Einen Sattel von der Stange zu kaufen, ohne Größe, Sitz und Bequemlichkeit vorher auszuprobieren, ist, als würden Sie dritte Zähne im Internet bestellen.

RECHTS: *Sie vermeiden Satteldruck, wenn Sie einen gut sitzenden Sattel mit einer Sattelunterlage darunter in korrekter Weise auf einen sauberen Pferderücken legen.*

Lahmheit

Pferde und Ponys haben spezielle Gliedmaßen entwickelt, mit denen sie bei Gefahr sehr schnell rennen können. Dazu veränderten sich ihre Beine und Füße derart, dass sie jetzt auf dem Äquivalent eines Zehs (oder Fingers) gehen und rennen; der Zehennagel wurde zum Huf. Ein Nebeneffekt dieser Entwicklung ist eine Anfälligkeit für Lahmheit – alles hängt von dem einem „Zeh" ab, und der kann leicht beeinträchtigt oder verletzt werden.

Lahmheit bei Ponys ist verbreitet, und sie kann ohne Vorwarnung auftreten. Jedes Pferd kann betroffen sein, ein Rennpferd kann ebenso lahm werden wie das Pony eines irischen Kesselflickers. Eine ganze Reihe von Faktoren kommen als Ursache infrage: Wunden, Prellungen, Verletzungen von Muskeln, Nerven, Sehnen, Bändern oder Knochen, Verrenkungen, Knochenhautentzündungen, chronische Gelenkentzündungen oder Schleimbeutelentzündungen. Auch Erkrankungen des Hufes (z. B. Hufrehe und Strahlfäule), Verletzungen der Hufwand, fehlerhafter Beschlag, Hautkrankheiten (wie Schmutzmauke) und Knochenerkrankungen (z. B. Rachitis) können der Grund für Lahmheit sein.

Die betroffenen Körperbereiche können die Leistengegend, die Rückenmuskulatur, die Beine oder die Füße sein. Die Ursachen von Lahmheit sind ganz verschieden, Diagnose und Behandlung können relativ einfach, aber auch extrem schwierig sein. Eine sofortige Behandlung ist wichtig, um zu verhindern, dass akute, plötzlich auftretende Zustände, die nicht lang andauern, chronisch und schwer heilbar werden.

Behandlung Die medizinische Behandlung einer Lahmheit hängt von der Art des Problems ab und rangiert von medikamentöser Therapie bis zu chirurgischen Eingriffen, bei denen verletztes Gewebe genäht wird oder kranke Stellen entfernt werden. Manchmal ist auch die Kooperation und das Fachwissen des örtlichen Hufschmieds gefragt, der lahmenden Ponys in bestimmten Fällen mithilfe spezieller medizinischer Eisen oder Hufschuhe Erleichterung verschaffen kann.

Vorbeugung Ihre Aufgabe ist es, auf Anzeichen von Lahmheit bei Ihrem Pony zu achten und schnell zu handeln. Gehen Sie sicher, dass die Beine und Füße Ihres Tieres immer in gutem Zustand gehalten werden. Ihre regelmäßige Untersuchung der Gliedmaßen und Füße – gekoppelt mit der Aufmerksamkeit des Hufschmieds, der die Hufe ausschneiden, wenn nötig in Form feilen und in angemessenen Zeitabständen gut sitzende Eisen annageln wird – sind wichtige vorbeugende Maßnahmen, um dieses häufige gesundheitliche Problem erst gar nicht auftreten zu lassen.

AKUTE LAHMHEIT

In Fällen akuter Lahmheit – und wenn Sie die Ursache feststellen können – sollten Sie folgendes tun:

1 Bringen Sie das Tier in den Stall.

2 Waschen Sie die betroffene Körperstelle mit kaltem Wasser, spritzen Sie sie mit einem Wasserschlauch kalt ab oder legen Sie kühlende Eisbeutel auf.

3 Wenn ein Bein betroffen ist, können Sie einen kühlenden Verband anlegen: Tauchen Sie den Verband z. B. in einen abgekühlten Tee aus Beinwell-Blättern und wickeln Sie ihn feucht um das Bein.

Achtung: Keinesfalls sollten Sie Einreibemittel oder andere Medizin, die vielleicht bei einer früheren Lahmheit verordnet wurden, auf eigene Faust verwenden.

LAHMHEIT – VERRÄTERISCHE ZEICHEN

Es gibt bei Lahmheit einige wichtige Zeichen, auf die Sie achten sollten.

- **Beim ersten Anzeichen auffälliger Bewegung sollten Sie versuchen festzustellen, welcher Teil des Körpers oder Beins betroffen ist.**
- **Wenn das Tier auf einem Vorderbein lahm geht, beobachten Sie es von vorn: Es wird mit dem Kopf „nicken“, wenn der nicht lahmende Vorderfuß den Boden berührt.**
- **Wenn ein Hinterbein das Problem ist, beobachten Sie das Tier von hinten: Das Sprunggelenk des gesunden Beins wandert beim Gehen viel mehr auf und ab als das des betroffenen Beins.**
- **Dies sind natürlich die einfachsten Fälle. Wenn die Probleme vom Rücken, von der Hüfte oder von mehreren Beinen herrühren, ist es schwieriger, die Ursache herauszufinden. Raten bringt Sie nicht weiter.**
- **Sie können mit der Hand über den Körper, vor allem über die Gliedmaßen streichen und dabei auf weiche Stellen oder ungewöhnliche Schwellungen achten.**
- **Sie können sorgfältig nach Verletzungen suchen, nach Anzeichen für oberflächliche Erkrankungen und nach Bereichen, die – vielleicht im Vergleich mit dem entsprechenden Bereich auf der anderen Körperseite des Ponys – ungewöhnlich heiß sind.**
- **Kontrollieren Sie den Huf auf eingeklemmte Steine und auf Anzeichen für Verletzungen der Sohle oder des Strahls.**

OBEN: *Beobachten Sie die Bewegungen des Ponys auf hartem Untergrund, während eine andere Person es führt – dies ist der beste Weg, um Anzeichen von Lahmheit zu entdecken.*

PONYS UND HUFREHE

Hufrehe tritt bei Ponys häufig auf, besonders im Frühling und bei überfütterten „Dickerchen“. Sie kann auch von bestimmten Formen der Verstopfung ausgelöst werden, von einem plötzlichen Futterwechsel und einer Änderung des Speiseplans; außerdem kann sie bei Tieren vorkommen, die an einer fieberhaften Erkrankung leiden, wie Lungen- oder Gebärmutterentzündung, oder bei einer Verhaltung der Nachgeburt. Die Krankheit ist eine Entzündung der Horn produzierenden Schichten unter dem Huf; es sind mindestens zwei Füße betroffen. Sie ist sehr schmerzhaft – das Tier steht kläglich da, die Vorderfüße sind oft so weit wie möglich nach vorn gestellt, die Hinterfüße unter den Körper gezogen. Alle Füße schmerzen, das Tier weiß nicht, wie es sie hinstellen soll und will auch nicht, dass sie berührt oder hochgenommen werden. Die Temperatur ist oft um zwei bis vier Grad erhöht.

UNTEN: *Halten Sie das Pony mit viel weicher Einstreu und, wenn nötig, mit einer leichten Decke warm.*

Behandlung Hufrehe braucht tierärztliche Behandlung und moderne Medizin, damit der Schmerz gelindert wird und die Entzündung geheilt werden kann. Ihre Aufgabe ist es, das Tier in den Stall zu bringen; es steht am besten auf einem dicken Bett weicher Einstreu oder – wenn vorhanden – auf feuchter Tonerde. Halten Sie das Tier warm, evtl. mit einer leichten Decke, und ermuntern Sie es, viel Wasser zu trinken. Zur Regulierung der Verdauung sollte jeden Tag ein Weizenkleie-Mash gegeben werden.

Vorbeugung Ponys auf fetten Frühlingsweiden oder Ponys, die ständig überfüttert werden, können unter wiederkehrenden Hufrehe-Attacken leiden, die langsam die Füße deformieren; sie bekommen eine „Pantoffelform“, mit langen, konkaven Hufwänden, die horizontale Ringe aufweisen. In diesem Stadium kann die tierärztliche Behandlung nur noch die veränderten Bewegungsabläufe korrigieren. Dies geschieht mithilfe von medizinischen Hufschuhen und der regelmäßigen Aufmerksamkeit des Hufschmieds, der versuchen wird, den Fuß nach und

nach wieder in seine normale Form zu bringen, indem er den Zeh zurückschneidet und die Hufwände an den Seiten und an der Ferse feilt; dadurch kommt der Strahl wieder mit dem Boden in Berührung und die Blutzirkulation im Huf wird verbessert.

Vermeiden Sie Überfütterung – besonders im Frühling – und bewegen Sie Ihr Pony. Vielleicht muss es abnehmen, dann müssen Sie seine Futterration drastisch verringern oder es, wenn es nur auf saftigem Frühlingsgras weidet, lediglich einige Stunden am Tag auf die Weide lassen. Den Rest der Zeit sollte es im Stall oder beim Reiten verbringen. Das alles ist natürlich leichter gesagt als getan. Besitzer finden es meist sehr schwer, hart zu ihren Ponys zu sein, doch es ist wirklich zum Besten für alle – es kann den Tieren eine Menge Leiden ersparen und ihr Leben verlängern.

UNTEN: *Zu viel saftiges Frühlingsgras kann das Wohlbefinden des Ponys beeinträchtigen und sogar zu gesundheitlichen Problemen führen. Begrenzen Sie die Weidezeit.*

Zucht

Dieses Buch wendet sich nicht an Leser, die eine Einführung in die Welt der Vollblutzucht erwarten – mit allen damit verbundenen Aspekten, den Erkenntnissen moderner Wissenschaft und der Vielzahl von Problemen. Ponys, die sich selbst überlassen sind und frei herumlaufen, haben weniger Probleme mit der Reproduktion ihrer Art als die hochgezüchteten Vollblüter in den Rennställen von Newmarket oder Kentucky. Sie erreichen ohne Schwierigkeiten eine Empfängnisrate von 95 Prozent, und fast der gleiche Prozentsatz von Stuten bringt ohne Hilfe oder Eingreifen des Menschen lebende Fohlen zur Welt. Zwar stellt sich die Zucht für den Ponybesitzer, der gern ein Fohlen um sich hätte, nicht ganz so einfach dar, doch ist die Erfolgsrate recht überzeugend – im Durchschnitt kommt alle zwei Jahre ein quicklebendiges Fohlen zu Welt.

TRÄCHTIGKEIT

Die Dauer der Trächtigkeit beträgt bei Stuten normalerweise elf Monate. Zur Paarung kommt es, wenn die Stute empfängnisbereit (rossig) ist. Die Rosse dauert ca. vier bis acht Tage und besteht zwischen März und September in Intervallen von drei Wochen. Die längste Trächtigkeit aller Huftiere weisen die Grevy-Zebras auf – sie beträgt ca. 390 Tage.

Anzeichen für eine rossige Stute

Die fruchtbare Periode des Jahres wird vom zunehmenden Tageslicht im Frühling ausgelöst. Die Augen, die das Licht aufnehmen, schicken eine Botschaft ans Gehirn, das wiederum eine Botschaft an die Hirnanhangsdrüse sendet. Diese schüttet ein Hormon aus, das über den Blutweg zu den Eierstöcken gelangt und dort die Produktion von Eizellen in Gang setzt. Wenn eine Stute rossig wird, verhält sie sich „anders“. Sie kann aufgeregter sein als gewöhnlich oder auch ruhiger. Von Zeit zu Zeit steht sie mit gespreizten Hinterbeinen da, als ob sie urinieren wollte. Der Schweif wird gehoben, und die Schamlippen öffnen sich in zuckendem Rhythmus. Die Stute quietscht, ist kitzelig, tritt aus und spritzt kleine Urinmengen heraus, wenn sie auf dem Rücken oder an den Flanken berührt wird. Diese Symptome werden noch deutlicher, wenn ein Hengst in der Nähe ist – auch wenn sie ihn während der ersten Tage der Rosse abweist und nach ihm schlägt. Später ist sie willfähriger und lässt die Paarung zu. Der beste Zeitpunkt für die Befruchtung ist zwei Tage vor dem Ende der Rosse, aber da Sie vorher nicht wissen, wie lange diese dauert, sollten Sie die Paarung an jedem Tag der Rosse erlauben, sofern die Stute es zulässt.

Junghengste werden mit zwei Jahren geschlechtsreif, Jungstuten können schon mit einem Jahr trächtig werden – das sollten Sie allerdings vermeiden. Am besten warten Sie mit der Paarung, bis die Stute mindestens zwei Jahre alt ist. Die „Fohlenrosse“, ca. eine Woche nach der Geburt eines Fohlens, ist eine der fruchtbarsten Zeiten. Der Statistik zufolge verlieren jedoch die zu diesem Zeitpunkt gedeckten Stuten ihre Fohlen häufiger als

PONY-BRÄUCHE

In früheren Zeiten spuckte ein Besitzer, der herausfinden wollte, ob seine Stute trächtig war oder nicht, einen Mund voll Wasser in ihr Ohr. Man glaubte, eine Stute, die ein Fohlen erwartete, würde nur ihren Kopf schütteln – eine nicht trächtige Stute den ganzen Körper.

andere, und einige Tierärzte haben Vorbehalte dagegen. Wenn Ihre Stute nicht rossig wird und Sie unbedingt ein Fohlen möchten, konsultieren Sie Ihren Tierarzt. Es gibt viele Gründe für Unfruchtbarkeit, und nach einer gründlichen Untersuchung kann der Tierarzt vielleicht Hormone verschreiben oder eine andere Therapieform vorschlagen.

Ermittlung der Trächtigkeit

Oft kann der Tierarzt schon drei Wochen nach der Paarung durch eine manuelle Rektaluntersuchung eine Vergrößerung des Uterus feststellen. Einen Bluttest kann er zwischen dem 55. und 90. Tag der vermuteten Trächtigkeit durchführen. Nach dem 150. Tag kann ein Urintest gemacht werden.

DIE GEBURT

Das Euter schwillt in den letzten Monaten der Trächtigkeit an, und wenige Tage vor dem großen Ereignis bilden sich an den Spitzen des Euters Harztropfen. Auch Milch kann in dieser Zeit aus den Zitzen tropfen. Die Beckenbänder erschlaffen, die Scheidenöffnung wird weiter und weicher. Das Abfohlen ist eine Privatangelegenheit – Stuten wollen das Wunder lieber allein in der Nacht vollbringen; wenn sie beobachtet werden, halten sie oft ihr Fohlen zurück, bis der menschliche Eindringling sich irgendwann etwas zu essen oder eine Tasse Tee holt.

Zwischen den ersten sichtbaren Kontraktionen und der Geburt vergehen normalerweise 30 bis 60 Minuten. Wenn die Wehen stärker werden, wird die Stute unruhig und zeigt oft dieselben Anzeichen wie bei einer Kolik. Sie müssen hierbei nichts tun.

Ist das Fohlen geboren, greifen Sie nur dann ein, wenn die Fruchtblase über den Nüstern liegt (reißen Sie einfach ein Loch hinein), andernfalls lassen Sie das Fohlen eine Viertelstunde ausruhen. Sie müssen sich nicht beeilen, die Nabelschnur zwischen Damm und Fohlen zu durchtrennen – sie reißt an einer bestimmten Stelle, wenn das Fohlen oder die Stute aufstehen.

Die Nachgeburt (Plazenta) folgt der Geburt des Fohlens nach ein bis drei Stunden. Sie muss innerhalb von zwölf Stunden abgehen, andernfalls ist medizinische Hilfe nötig. Wenn Sie einen gummiartigen braunen „Stein“ in der Nachgeburt finden, ist das kein Alarmzeichen. Es ist nur eine Ansammlung von Zellabfallprodukten aus der Plazenta. Sie ist nicht von Bedeutung, doch einst wurden ihr wunderbare magische und medizinische Fähigkeiten beigemessen.

Angenommen, die Stute hat offensichtlich Wehen, aber das Fohlen wurde innerhalb des normalen Zeitraums von einer Stunde nicht geboren – was dann? Rufen Sie den Tierarzt, wenn innerhalb von zwei Stunden nach dem Auftreten der ersten Wehen die Geburt noch nicht vollendet ist. Der Tierarzt kann Schwierigkeiten beim Abfohlen mit der Hand beheben, mit Medikamenten oder, in Ausnahmefällen, auch mit einem Kaiserschnitt unter Vollnarkose. Doch wie schon gesagt: Die überwiegende Mehrheit der Fohlen kommt problemlos zur Welt.

AUFZUCHT

Fohlen werden normalerweise ohne die Einmischung von Menschen von ihren Müttern glücklich aufgezogen. Wenn Schwierigkeiten auftreten, verständigen Sie gleich den Tierarzt. Sollte es jedoch nötig sein, das Fohlen mit der Flasche zu füttern, müssen Sie zwei Punkte beachten:

1 Die erste Milch (Kolostralmilch), die von der Stute in den 48 Stunden nach dem Abfohlen produziert wird, ist äußerst wichtig für die Gesundheit des Fohlens. Versuchen Sie, sie zu bekommen – etwa indem Sie die Stute melken – und dem Neugeborenen einzuflößen (selbst wenn es nur ein Teelöffel voll ist). Es gibt auch

KASTRATION

Diese Maßnahme wird auch als „Legen“ bezeichnet. Hengste, die nicht für die Zucht verwendet werden sollen, werden kastriert, indem ihnen unter örtlicher Betäubung bei einem ungefährlichen operativen Eingriff die Hoden entfernt werden. Das beste Alter für diese Operation ist zwei Jahre, doch kann sie auch schon im Alter von drei Monaten oder, wenn nötig, auch viel später im Leben durchgeführt werden. Der Eingriff dauert nur einige Minuten. Er wird vollzogen, um späteres ungebärdiges Verhalten zu unterbinden, insbesondere wenn rossige Stuten in der Nähe sind. Viele nicht kastrierte männliche Tiere benehmen sich jedoch sehr anständig und haben einen feinen Charakter.

„Notfallbanken“ für Kolostralmilch. Fragen Sie Ihren Tierarzt danach, wenn es absolut nötig ist.
2 Kuhmilch ist zu fett für verwaiste Fohlen und enthält weniger Zucker als Stutenmilch. Müssen Sie einmal in einem Notfall Kuhmilch verwenden, vermischen Sie drei Teile Wasser mit zwei Teilen Kuhmilch und rühren zwei Teelöffel braunen Zucker in 600 ml der Mixtur.

Unfälle

Unfälle können passieren – Kollisionen mit Gattern, das Treten in Draht oder Glasscherben etc. sind häufige Ursachen für Verletzungen auf der Weide oder im Gelände; Missgeschicke im Stall oder beim Zusammentreffen mehrerer Tiere kommen hinzu. Bei den meisten Unfällen werden Sie den Tierarzt brauchen, Sie sollten jedoch eine Vorstellung haben, wie Sie Ihrem Pony erste Hilfe leisten können.

WUNDEN

Wunden können alle möglichen Größen, Formen und Schweregrade aufweisen, von bloßen Nadelstichen bis zu großflächigen Verletzungen. Bei jeder Wunde besteht die Gefahr einer Infektion. Deshalb verständigen Sie, wenn der Schaden nur etwas mehr als gering ist, sicherheitshalber den Tierarzt, der das Tier mit Injektionen oder oralen Medikamenten vor einer Ausbreitung von Bakterien schützen kann.

Erste Hilfe

Sie besteht darin, die Blutung zu stillen, was am besten durch das Aufpressen eines Wattebauschs, eines zusammengefalteten sauberen Baumwolltuches oder der geballten Faust erreicht wird. Dann wird die Wunde vorsichtig mit warmem Wasser ausgespült und mit einer milden antiseptischen Lösung desinfiziert. Wenn die Wunde jedoch mehr als 1 cm lang ist (oder kleiner, aber an einer empfindlichen Stelle wie dem Augenlid), wird der Tierarzt sie wahrscheinlich

UNTEN: *Reinigen Sie die Wunde mit einer antiseptischen Lösung. Zum Stoppen der Blutung drücken Sie Verbandsmull oder eine Baumwollbinde auf die Wunde.*

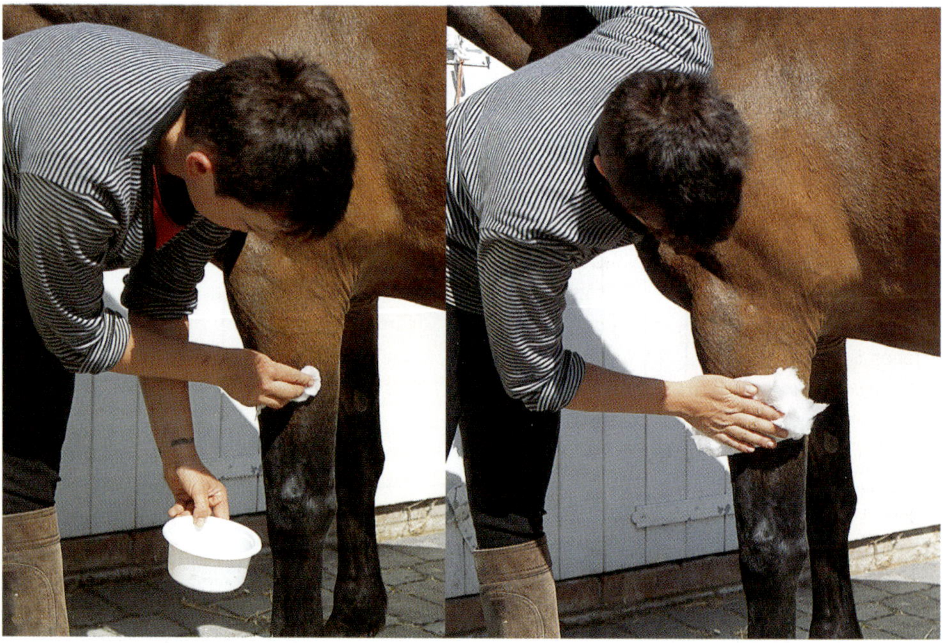

nähen müssen. Muss genäht werden, sollten Sie die Wunde nach dem Reinigen nicht mit geruchsintensiver antiseptischer Salbe versorgen. Müssen Sie die Wunde behandeln, benutzen Sie ein Sulfonamid-Puder (es gibt sehr hilfreiche Kombinationen von Sulfonamid und Fliegen-Abwehrmittel, fragen Sie Ihren Tierarzt danach).

Wenn die Wunde an einer dafür geeigneten Stelle liegt, wie am Bein, können Sie einen leichten Verband anlegen, der mit einer Bandage befestigt wird. Bei Pferden besteht immer die Gefahr von Tetanus, besonders bei tiefen, mit verschmutzten Gegenständen herbeigeführten Stichwunden, an die nicht viel Luft gelangt (s. S. 111). Der Tetanus-Erreger gedeiht in luftabgeschlossenen Wunden, besonders mit staubigen Erdpartikeln im Umfeld. Er kann durch ganz unspektakulär aussehende kleine, nicht blutende Stiche eindringen oder auch durch eingetretene Nägel unter dem Huf. Deshalb sollten Pferde grundsätzlich gegen diese Krankheit geimpft sein. Die Erstimmunisierung erfolgt normalerweise mit zwei Spritzen im Abstand von vier bis sechs Wochen, die Auffrischimpfung wird nach einem Jahr vorgenommen, danach alle drei Jahre oder wenn es zu einer Verletzung kommt.

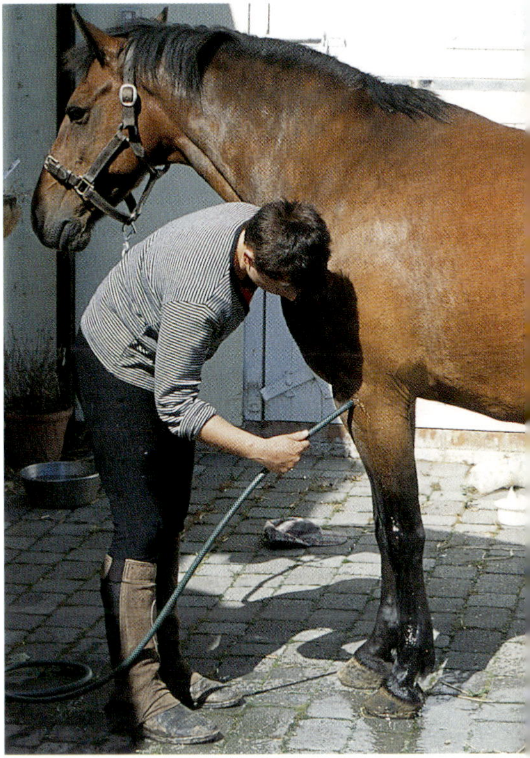

OBEN: *Eine Verstauchung wird unmittelbar nach dem Unfall mit kaltem Wasser gekühlt. Liegt der Unfall bereits einige Stunden zurück, wird warmes Wasser verwendet.*

PRELLUNGEN, VERSTAUCHUNGEN

Diese Verletzungen sollten unverzüglich behandelt werden, damit sie sich nicht festsetzen und langsam zu anderen, ernsteren Problemen führen. Bei beiden Verletzungsarten sind die betroffenen Stellen empfindlich, wahrscheinlich auch geschwollen und warm, und führen zu Lahmheit, wenn ein Bein betroffen ist. Ihre Aufgabe ist es, die Blutung an der verletzten Stelle zu stoppen und die Auswirkungen der Entzündung zu mildern. Legen Sie Eisbeutel oder in kaltem Wasser getränkte Schwämme auf, oder spritzen Sie den Bereich 20 bis 30 Minuten lang mit kaltem Wasser ab. Dann legen Sie entweder einen speziellen Kühlverband oder eine feste Bandage an. Die Bandage verhindert Blutungen und Flüssigkeitsansammlungen im Gewebe und bietet Halt.

Achtung: Verwenden Sie auf offenen Wunden keine Einreibemittel. Es gibt allerdings keinen medizinischen Grund, die betroffene Stelle nicht mit einem schmerzstillenden Spray für Brandwunden aus Ihrer Hausapotheke zu behandeln. Seien Sie aber gewarnt – viele Pferde hassen Sprays, weil das Sprühen von einem Ultraschall-Ton begleitet wird, den Menschen nicht wahrnehmen, der aber beunruhigend für Pferde ist.

Gönnen Sie dem Tier Ruhe. Hat der Zustand sich nach ein oder allerhöchstens zwei Tagen nicht deutlich gebessert, rufen Sie den Tierarzt.

SCHWERE UNFÄLLE

Wenn Sie das Unglück hatten, mit ihrem Tier in einen schweren Unfall verwickelt worden zu sein, gibt es für Sie einige wichtige Dinge zu tun. Kann das Pony nicht aufstehen oder nicht laufen, zwingen Sie es nicht dazu – rufen Sie einen Tierarzt und bleiben Sie dicht beim Kopf des Tieres. Sprechen Sie mit ihm, streicheln sie es, beruhigen Sie es. Bedecken Sie es mit einer Decke, mit Heu oder mit Ihrer Jacke, um es warm zu halten.

- Versuchen Sie nicht, dem Tier etwas einzuflößen, es sei denn, Sie haben etwas Wasser und Zucker bei der Hand. Probieren Sie, ob es freiwillig etwas Zuckerwasser trinkt.
- Tritt eine größere Blutung auf, versuchen Sie mit allen Mitteln, notfalls mit Ihrer geballten Faust, sie zu stillen.
- Starten Sie bei größeren Verletzungen keine Experimente – Sie könnten Schmerz und Schock des Ponys noch vergrößern. Wenn der Tierarzt kommt, wird er dem Tier schmerzlindernde Injektionen sowie schnell wirksame Beruhigungs- oder Betäubungsmittel geben.

GEBROCHENE BEINE

Diese bedeuten kein Todesurteil für ein Pony. Ein Pony muss nicht wie ein Vollblutpferd Rennen gewinnen, und es hat einen viel leichteren Körperbau als seine größeren Verwandten. Rennpferde müssen perfekte Beine haben, und es ist unwahrscheinlich, dass sie nach einem Beinbruch noch brillant rennen können; ihre Größe bringt es mit sich, dass die Heilung oft ein langer, schwieriger Prozess ist.

Viele Frakturen bei Pferden können heute mithilfe eingesetzter Fixierungen (die gebrochenen Knochen werden mit speziellen Metallschienen zusammengehalten) sowie mit Erfindungen wie Kunststoffklammern geheilt werden – Gips ist für Fohlen und kleine Ponys geeignet, aber nicht stabil genug für schwerere Tiere. Die Heilung wird vielleicht mehrere Monate in Anspruch nehmen, und die Behandlung ist oft teuer. Der Tierarzt wird Ihr Tier untersuchen und Sie nach Feststellung von Art und Ausmaß des Bruchs beraten.

Bleiben Sie ruhig, geraten Sie nicht in Panik.

EUTHANASIE

Muss ein Tier getötet werden, wird der Tierarzt diese Aufgabe human erledigen, ohne viel Aufhebens und nur aus sehr gutem Grund. Ein Gnadenschuss ist unmittelbar wirksam, wenn Sie jedoch eine andere Methode bevorzugen, können Sie Ihren Tierarzt nach einer Überdosis von Betäubungsmitteln fragen, die intravenös verabreicht wird. Diese Tötungsmethode hat nur den Nachteil, dass das Fleisch des toten Tieres nicht mehr an die Schlachterei verkauft werden kann, denn es ist durch den Gehalt an Betäubungsmitteln für den menschlichen oder tierischen Verzehr unbrauchbar geworden.

Genug von diesen düsteren Gedanken – es ist mehr als wahrscheinlich, dass Ihr Pony gedeiht und ohne unerfreuliche Zwischenfälle ein reifes Alter erreicht. Wilde Ponys und Esel leben nicht länger als 20 bis 25 Jahre, vereinzelt erreichen Tiere das Alter von Anfang Dreißig, doch vielleicht wird Ihr Pony den Langlebigkeits-Rekord domestizierter Pferde brechen – dieser beträgt nicht weniger als 61 Jahre!

Glossar

Aalstrich Dunkler Haarstreifen, der von der Mähne bis zum Schweif verläuft.

Abzeichen Ererbte weiße Stellen am Kopf und an den Beinen.

Barfuß Ein unbeschlagenes Pony geht barfuß.

Behang Mähne und Schweif, das so genannte Langhaar.

Blesse Breiter weißer Streifen am Kopf, der zwischen den Augen nach unten verläuft.

Brauner Pferd mit rotbraunem Deckhaar und dunklerem Langhaar.

Dämpfigkeit Chronischer Bronchialkatarrh, begleitet von schwerem Atmen und Husten; Dämpfigkeit gehört zu den Hauptmängeln.

Dasselfliege Manchmal sind an Pferdebeinen kleine gelbe Pünktchen zu sehen, die unbedingt entfernt werden sollten – Dasselfliegeneier. Die aus den Eiern schlüpfenden Larven dringen durch die Haut in den Körper ein und wandern zur Magenschleimhaut. Nach acht bis zehn Monaten werden sie mit dem Kot ausgeschieden, verpuppen sich, und neue Fliegen schlüpfen. Die Behandlung erfolgt mit speziellen Präparaten in den Monaten November bis Januar.

Decken Begatten der Stute durch den Hengst.

Dummkoller Hirnhöhlenwassersucht, die fast nur bei älteren Pferden auftritt; sie führt zu Störungen der gesamten Gehirntätigkeit, ist unheilbar und tödlich; gehört zu den Hauptmängeln.

Exterieur Äußeres Aussehen eines Pferdes.

Falbe Pferd mit gelbweißem Haarkleid und dunklerem Langhaar.

Fassbeinig Falsche Stellung der Hinterbeine (beim Menschen: O-Beine).

Fessel Teil des Pferdebeins zwischen Fesselgelenk und Huf.

Flanke Partie zwischen dem hinteren Rippenrand und der Kruppe.

Fohlen Hengst, Wallach oder Stute bis zum Alter von einem Jahr.

Fuchs Pferd mit rötlichem bis bräunlich gelbem Deckhaar; das Langhaar hat den gleichen oder einen helleren Farbton.

Gallen Schmerzlose Anschwellung infolge von Flüssigkeitsansammlungen; es gibt Sprunggelenkgallen, Kreuzgallen, Fesselgallen etc.

Gangart Beinbewegungen eines Ponys.

Grauschimmel Deckhaar des Pferdes besteht aus der Mischung von weißen und dunklen Haaren.

Greifen Hinterhufe schlagen an die Vorderhufe.

Halfter Stabiles Kopfgeschirr aus Leder oder Kunststoff, das zum Führen oder Anbinden benutzt wird.

Hauptmängel Mängel, auf die der Verkäufer den Käufer eines Pferdes aufmerksam machen muss, andernfalls kann der Käufer innerhalb von 14 Tagen vom Kauf zurücktreten; Hauptmängel sind Dämpfigkeit, Dummkoller, Kehlkopfpfeifen, Krippensetzen, Periodische Augenentzündung, Rotz.

Hechtkopf Konkaves Kopfprofil.

Hinterhand Teil des Ponys, der sich hinter dem Reiter befindet.

Hinterzwiesel Hinterer Teil des Sattels.

Hirschhals Durch einen ausgeprägten Unterhals entsteht eine konkave Wölbung der Oberlinie.

Hufrehe Schmerzhafte Erkrankung, ausgelöst durch eine Entzündung der Huflederhaut; sie kann wiederholt auftreten.

Kastanie Horniger Vorsprung an der Innenseite der Pferdebeine (rückentwickelte fünfte Zehe).

Kehlkopfpfeifen Einer der Hauptmängel; hierbei wird die Atmung erheblich behindert, weil die Stimmbänder durch ständige Verkrampfung im Augenblick des Einatmens nicht – wie bei gesunden Tieren – zur Seite gezogen werden.

Klopphengst Auch Spitzhengst genannt; ein Hengst, bei dem einer oder beide Hoden verborgen liegen.

Kolik Schmerzhafte Bauchbeschwerden des Pferdes.

Kötenhaar Hinterer Teil des Fesselbehangs.

Krippe Futtertrog.

Krippensetzen Auch Koppen genannt; das Schlucken von Luft, das schweres Füttern, Kolik oder Leistungsminderung zur Folge haben kann; es gehört zu den Hauptmängeln.

Kruppe Beckengegend des Pferdes.

Kuhhessig Fehlerhafte Stellung der Hinterbeine (den Kuhhinterbeinen ähnlich; beim Menschen: X-Beine).

Laden Zahnloser Bereich im Unterkiefer zwischen Molaren und Schneidezähnen.

Nasenbremse Mit einem Knebel versehener Strick, mit dem die empfindlichen Teile der Nüstern zusammenknebelt werden, um durch diese schmerzhafte Behandlung das Pony zum Stillstehen zu bringen; die Nasenbremse sollte niemals verwendet werden.

Palomino Pferd mit hellbraunem oder beigem Deckhaar, weißer Mähne und weißem Schweif; eingetragene Rasse in den USA.

Periodische Augenentzündung Auch Mondblindheit genannt; die Erkrankung führt zur Erblindung und zählt zu den Hauptmängeln.

Ramskopf Konvexes Kopfprofil.

Rotz Zu den Hauptmängeln zählende fieberhafte, auch auf andere Haustiere und den Menschen übertragbare Infektionskrankheit; sie kommt in Deutschland nicht mehr vor.

Sattelunterlage Wollene oder baumwollene Decke, die zwischen Sattel und Pferderücken gelegt wird und die Funktion hat, Druckstellen zu verhindern und Schweiß aufzusaugen.

Sattelgurt Damit wird der Sattel auf dem Pony festgegurtet. Am besten ist der Schnurengurt aus Kordel; er ist luftdurchlässig und kann gut gereinigt werden.

Sattelzeug Sammelbegriff für Sattel, Sattelgurt, Sattelunterlage, Steigbügel und Steigbügelriemen.

Schecke Pferd mit schwarz-weiß geflecktem Deckhaar.

Schnippe Kleiner weißer Fleck auf der Nase.

Schweifrübe Oberer Teil des Schwanzes mit den Wirbelknochen.

Sehne Knorpeliger Gewebestrang, der einen Muskel mit dem Knochen verbindet.

Socken Weiße Fesseln.

Stalldecke Ein im Winter eingedecktes Pferd bekommt kein so starkes Winterfell und schwitzt dann bei der Arbeit nicht so leicht.

Stern Weißer Fleck auf der Stirn.

Stockmaß Größe vom Boden bis zum Widerrist gemessen.

Sprunggelenk Gelenk am Fußknöchel.

Stalldrang Wunsch des einzeln gehenden Pferdes, zurück zu seiner Herde (die es im Stall vermutet) zu gelangen.

Strahl Aus elastischem Horn bestehendes Polster an der Unterseite des Hufes, das sich keilförmig von hinten in die Hornsohle schiebt.

Streichen Aneinanderstreifen der Beine bei Bewegung.

Streichkappen Aus Leder oder Filz gefertigte Gamaschen zum Schutz der Fesselköpfe; sie verhindern Abschürfungen beim Streichen oder Verletzungen mit den eigenen Eisen.

Trense Am häufigsten verwendete Zäumung; sie übt – im Gegensatz zur Kandare – eine milde Lenkwirkung auf das Pferd aus.

Verweigern Ein Pferd verweigert einen Sprung, wenn es vor dem Hindernis stehen bleibt oder es einreißt.

Vorhand Auch Vorderhand genannt; der gesamte Teil des Ponys, der sich vor dem Reiter befindet, also Widerrist, Vorderbeine, Brust, Hals und Kopf.

Vorderzwiesel Erhöhter Vorderteil des Sattels.

Wallach Kastrierter Hengst.

Weben Stalluntugend, die sich meist bei wenig beschäftigten Pferden zeigt; die Pferde treten ständig von einem Vorderfuß auf den anderen und schaukeln dabei hin und her.

Widerrist Höchster Punkt des Pferderückens; er befindet sich an der Stelle am Ende des Halses, wo die Schulterblätter zusammentreffen.

Zugpflaster Reiz erzeugendes Pflaster, das nahe chronischer Geschwüre oder Verletzungen angebracht wird, um heilendes Blut in den Körperteil zu ziehen.

Vermischtes

DIE STALLAPOTHEKE

Es empfiehlt sich, folgende Dinge für Notfälle in einem Schränkchen in der Nähe der Box aufzubewahren:

- Fieberthermometer
- Verbandschere
- Watte in breiten Lagen, breite Mullbinden, stabile Bandagen, elastische Mehrzweckbinden in verschiedenen Breiten, breites Klebeband, Bindfaden und Baumwolltücher für Verbände (vor allem für die Gliedmaßen)
- Desinfektionsmittel zum Reinigen von Wunden und Mittel gegen Entzündungen, wie Jodtinktur, Blauspray, Rivanol-Tabletten, Sulfonamid-Puder, Antibiotikum-Spray etc.
- Huffett, Lorbeeröl, Holzteer und Hufkitt für die Hufbehandlung
- Wurmkur
- Insekten-Abwehrmittel
- Heilerde für Gliedmaßenverbände

Im Zweifelsfall verständigen Sie immer den Tierarzt, dessen Praxis- und Handynummer Sie am besten auf die Innenseite des Schrankes kleben.

HILFREICHE ADRESSEN

VFD / Vereinigung Deutscher Freizeitreiter
und -fahrer in Deutschland e. V.
Am Bauernwald 5b
81739 München

FN / Reiterliche Vereinigung
Freiherr-von-Langen-Str. 13
48231 Warendorf

Deutsche Wanderreiter Akademie
Fischerhof
56410 Reckenthal

Deutscher Reiter- und Fahrerverband e. V.
Roonstr. 54
33615 Bielefeld

DANKSAGUNG

Die Herausgeber möchten sich bei folgenden Personen für ihre Hilfe beim Zustandekommen dieses Buches bedanken:

- Linzi Aiken BHSAI
- Claire Baker BHSPI
- Emma Bush
- Claire Edwards
- Melanie Hickey
- Anita French, Culford-Stallungen, Bury St. Edmunds
- Peter Hay, Sattlerei Bridlepath, St. John's Street, Bury St. Edmunds, Suffolk IP33 1SN

Register

REGISTER